森林火灾火烧迹地及其污染物排放遥感监测

杨 伟 著

西安交通大学出版社
XI'AN JIAOTONG UNIVERSITY PRESS

国 家 一 级 出 版 社
全国百佳图书出版单位

图书在版编目(CIP)数据

森林火灾火烧迹地及其污染物排放遥感监测 / 杨伟著
. — 西安：西安交通大学出版社，2022.10
ISBN 978 - 7 - 5693 - 2791 - 5

Ⅰ. ①森… Ⅱ. ①杨… Ⅲ. ①遥感技术-应用-森林火-
火烧迹地-污染物-环境监测 Ⅳ. ①X830.7

中国版本图书馆 CIP 数据核字(2022)第 176869 号

书　　　名	森林火灾火烧迹地及其污染物排放遥感监测	
	SENLIN HUOZAI HUOSHAO JIDI JI QI WURANWU	
	PAIFANG YAOGAN JIANCE	
著　　　者	杨　伟	
责任编辑	王建洪	
责任校对	史菲菲	
装帧设计	伍　胜	

出版发行　西安交通大学出版社
　　　　　（西安市兴庆南路 1 号　邮政编码 710048）
网　　址　http://www.xjtupress.com
电　　话　(029)82668357　82667874(市场营销中心)
　　　　　(029)82668315(总编办)
传　　真　(029)82668280
印　　刷　西安五星印刷有限公司

开　　本　700mm×1000mm　1/16　印张　9　字数　131千字
版次印次　2022 年 10 月第 1 版　　2022 年 10 月第 1 次印刷
书　　号　ISBN 978 - 7 - 5693 - 2791 - 5
定　　价　78.00 元

发现印装质量问题,请与本社市场营销中心联系。
订购热线:(029)82665248　(029)82667874
投稿热线:(029)82665379　QQ:793619240
读者信箱:xj_rwjg@126.com

前　言

　　森林火灾是指失去人为控制，对森林、森林生态系统以及人类带来一定危害和损失的林火行为，是一种突发性强、破坏性大、处置救助较为困难的自然灾害。森林火灾的发生，使森林生态系统在短时间内释放出大量能量，不仅直接造成了生物的大量死亡，而且还会引起森林内诸多生态因子的改变，从而使原来森林的物种组成、结构与功能发生改变，对原有生态系统造成影响。

　　传统的火烧迹地研究基本都是通过人工野外调查来完成的，这一过程需要不同程度的人力、物力和财力投入，而且由于被调查目标的地理位置以及地理环境的复杂性，所需投入可能会非常巨大。遥感技术的出现及其发展，使其成为获取火灾信息、监测火烧迹地变化过程的一个省时省力的重要手段。特别是随着遥感数据时间分辨率、空间分辨率以及光谱分辨率的提高，遥感技术可以更好地实现以时间和空间连续的方式对地表变化过程进行监测，为火烧迹地动态研究提供了可能。

　　森林火灾的燃烧过程会排放大量的大气污染物，进而影响大气的成分和结构。由生物质燃烧所排放的大气污染物已经成为全球大气污染物的重要来源，不仅会对空气质量产生影响，也关系着气候变化以及人类健康。此外，大量含碳气体的排放也会对全球碳循环和碳平衡产生影响。因此，科学评估并计算由火灾造成的污染物排放量对大气化学过程和气候变化研究具有重大意义。遥感技术的不断发展，为森林火灾污染物排放量估算提供了一种有效的手段。

　　本书的主要研究内容为基于遥感的火烧迹地提取、火烧迹地植被恢复过程监测以及林火污染物排放的估算。本书共七章，第1章介绍了森林火灾火烧迹地的研究现状;第 2 章主要介绍遥感的基本概念以及常用的遥感数据;第 3 章对比分析不同提取方法对于火烧迹地提取精度的差异;第 4 章提出了一种基于长时序遥感数据的区域火烧迹地提取方法;第 5 章以典型森林火灾为案例,对火烧迹地的植被恢复过程进行监测;第 6 章对比分析不同分辨率遥感数据对于林火污染物排放估算的影响;第 7 章对我国不同年份由森林火灾造成的大气污染物排放进行估算。

本书为作者相关科研工作的积累,但由于遥感技术发展迅速,书中难免存在不足之处,恳请读者批评指正。

杨 伟

2022 年 10 月于太原

目　录

2

第 1 章　森林火灾火烧迹地研究现状

森林火灾是扰动陆地生态系统的重要因素之一,同时也对大气环境以及全球气候变化产生深远的影响。全球每年发生火灾面积达 3.3 亿～4.3 亿公顷,由此而产生的碳排放可达 20 亿～40 亿吨。火灾的发生会导致生态系统发生巨大改变,引起地表反照率、温度以及湿度等方面的变化,从而改变植被结构和功能,干扰生物群落的自然演替过程。

火烧迹地能够提供火灾发生后的诸多信息,包括火灾发生的时间、频度、位置、面积以及空间范围等,这些信息对于林业管理、植被恢复、碳排放估算等方面至关重要。传统的火灾数据主要为统计资料,收集困难又费时费力,且难以将数据进行空间化。特别是对于某些不具有交通可达性的特殊区域,统计资料的收集工作难以进行。遥感技术的发展为解决这一问题提供了很好的手段,特别是随着遥感数据时空分辨率的提高,使得遥感数据能够更为准确地对地表过程进行刻画,成为火烧迹地信息提取的重要方式。

本章系统总结了近年来国内外基于遥感的火烧迹地提取及其在不同领域内的应用,并对未来的研究提出展望。

1.1　火烧迹地数据产品及提取方法

1.1.1　火烧迹地数据产品

基于遥感的火烧迹地信息提取研究开始于 20 世纪 80 年代末期,其目的是为了获取全球范围内的火灾发生数量及面积。在 2000 年之前,大陆级尺度以及全球尺度的火烧迹地信息提取所采用的遥感数据主要基于 NOAA-AVHRR[①] 数据。但是,利用 AVHRR 数据进行火烧迹地信息提取存在一定的潜在误差,包括辐射的不稳定性、辐射传输问题等方面。2000 年之后,中分辨率成像光谱仪(moderate-resolution imaging spectroradiameter,MODIS)数据和 SPOT-VEG ETATION 数据由于具有较高的空间分辨率以及更好的辐射稳定性而得到了广泛应用,成为火烧迹地提取的重要数据来源。

火灾是全球气候观测系统(Global Climate Observing System,GCOS)中包含的基本观测量之一。火灾会对生态系统碳储量以及植被的更替模式产生重要影响,并将由此带来对二氧化碳和气溶胶排放的影响。目前,很多国际机构均已发布了多个全球或者区域的火烧迹地数据产品,如美国国家航空航天局(National Aeronautics and Space Administration,NASA)、欧洲航天局(European Space Agency,ESA)等机构累计发布了时间跨度为 1982 年至今的各种火烧迹地数据产品,这些数据产品基于不同卫星遥感数据获取,包含全球和区域各种尺度,主要包括 Global Burned Area 2000、MCD45A1、MCD64A1、GFED 以及 Fire-CCI 等。2018 年,中国科学院遥感与数字地球研究所发布了全球 30 米空间分辨率火烧迹地数据产品(global annual burned area map,GABAM),这是目前为止全球尺度下空间分辨率最高的火烧迹地遥感数据产品。表 1-1 为基于遥感信息提取的全球火烧迹地主要数据产品集。

表 1-1　主要火烧迹地数据产品集

火烧迹地数据集	遥感数据源	覆盖范围	时序范围	空间分辨率	时间分辨率
GFED4	MODIS、TRIM/VIRS、ATSR	全球	1995-06—2013	0.25°	日
MCD45A1	MODIS	全球	2000—	500 m	日
MCD64A1	MODIS	全球	2001—	500 m	日

① AVHRR 中文表示为"高级甚高分辨率辐射计",是 advanced very high resolution radiometer 的缩写。

火烧迹地数据集	遥感数据源	覆盖范围	时序范围	空间分辨率	时间分辨率
L3JRC	SPOT-VEGETATION	全球	2000—2007	1 km	日
GLOB-CARBON	SPOT-VEGETATION、ATSR-2、AATSR	全球	1984-04—2007-12	1 km、0.25°、0.5°	月
GBS	NOAA-AVHRR	全球	1982—1999	8 km	周
GBA2000	SPOT-VEGETATION	全球	2000	1 km	月
BA-PAL	NOAA-AVHRR	全球	1984—2000	0.1°	月
BA-LTDR	NOAA-AVHRR/MODIS	北美	1984—1998/2001—2011	0.05°	10 天
BA-LAC	NOAA-AVHRR	加拿大、美国北部、阿拉斯加、格陵兰	1984—2006	0.01°	日
BA-product	Envisat-MERIS	全球	2006—2008	300 m	月
Fire-CCI	MODIS	全球	2001—	250 m	日
GABAM	Landsat	全球	2000、2005、2010、2015、2018	30 m	年

注：这里指火烧迹地数据产品的空间分辨率和时间分辨率，并非原始遥感数据的空间分辨率和时间分辨率。

1.1.2　火烧迹地提取方法

基于火灾发生时的温度异常，可以实现卫星过境时对可能发生火灾像元的实时监测，对火灾像元进行归并可以产生火烧迹地数据。此外，利用年际最大地表温度合成值与同年的最大植被指数合成值构建火灾扰动指数，也被用于基于遥感的火烧迹地信息提取。这种方法同时利用了火灾扰动发生时地表温度的显著增高，以及火灾发生前后植被指数的显著下降，通过比值的方式对火灾发生时的扰动特征进行放大，有利于火点信息的提取。以上方法对于火烧迹地信息的提取均依赖于火灾发生时的温度变化，但由于卫星过境时间较短，所记录的温度异常信息并不一定能覆盖全部火灾范围，再加上火灾发生时烟雾等的影响，所提取的火烧迹地信息可能存在一定的漏判误差。

另一种基于遥感的火烧迹地提取方法则不考虑火灾发生时的温度异常,提取过程主要依赖于火灾发生前后的不同波段反射率的变化特征,包括绿光波段(0.5～0.6 μm)、红光波段(0.6～0.7 μm)、近红外波段(0.75～0.9 μm)以及中红外波段(1.5～2.0 μm)等在火灾发生前后的突变。此外,不同波段间相互组合构成的光谱指数在火烧前后也会发生显著变化,如归一化植被指数(normalized difference vegetation index,NDVI)、全球环境监测指数(global environmental monitoring index,GEMI)在火灾发生之后显著下降,燃烧面积指数(burned area index,BAI)在火灾发生之后显著升高。以上方法对于火烧迹地信息的提取主要依赖于火烧所造成的反射率及光谱指数的突变,对于受火灾影响的边缘区域,由于变化特征较小,采用设定阈值的方式可能会带来一定的漏判误差。此外,这类方法的主要缺陷在于难以区分具有类似光谱变化特征的其他非火灾事件,如洪水、森林砍伐等。

针对以上两类方法的不足,人们开始研究将两类方法进行结合的火烧迹地混合提取方法。这种方法的提取过程一般可以分为三个阶段:①检测火灾发生前后植被指数的突变特征,并以此作为识别火烧迹地的主要特征;②以 MODIS 火灾数据产品所提供的实时火点作为依据,对发生植被指数突变的区域进行热反常检测;③符合以上两个条件的像元作为火烧迹地的种子像元,对种子像元一定范围之内的邻近像元进行再次判定以最终确定火烧迹地范围。改进之后的算法,在提取精度上有了一定程度的提高。

综上所述,火灾发生时具有明显的温度异常特征,而火灾发生前后植被特征会发生显著的变化,这些特征成为基于遥感提取火烧迹地信息相关算法的理论基础。利用这些特征,学者们采用不同的方法对火烧迹地进行了提取,如构建指数法、支持向量机、决策树分类等。但由于火烧迹地信息提取对于遥感数据时间分辨率的要求较高,因此现有的研究都采用时间分辨率较高的数据,而这些数据往往空间分辨率较低,这就带来了对一些小型火灾提取精度较低以及火烧迹地提取面积统计数据或目视解译数据较小等方面的漏判误差。如何进一步减小误差,成为未来火烧迹地信息提取算法所要解决的主要问题。

1.1.3　火烧迹地数据产品精度验证

如前所述,针对不同的应用需求,研究人员开发了许多火烧迹地数据产品,如何对其提取精度进行评价以及合理分析不同火烧迹地数据产品之间的差异,也成为火烧迹地研究的重要内容。基于地表真实数据对火烧迹地数据产品进行统计分析,是火烧迹地精度验证的重要方式。Ruiz 等(2014)采用加拿大北方森林地区的地表真实数据对比分析了四种火烧迹地数据产品,结果表明 MCD64A1 具有最高的整体精度。地表真实数据的收集需要消耗大量的人力及时间,而且在大的区域范围内难以获取,而现有的火烧迹地数据产品多为全球尺度,基于地表真实数据对其进行验证难以实现。因此,非同源且空间分辨率更高的遥感数据成为火烧迹地数据产品验证的重要参考数据。Roy 等(2009)使用 11 幅 Landsat ETM 影像对非洲南部地区的 L3JRC、MODIS 以及 GlobCarbon 火烧迹地数据产品集进行了验证,对三种数据集在漏判误差、错判误差以及总体精度方面的差异进行了比较。Padilla 等(2009)采用 204 期 Landsat 数据对全球尺度下 2008 年的 MCD45 数据产品进行了验证,结果表明错判误差以及漏判误差分别达到 46% 和 72%。之后,他同样利用 Landsat 数据对六种不同的火烧迹地数据产品进行了对比分析,结果表明,虽然所有六种数据产品的总体精度都超过了 90%,但错判误差均超过 40%,而且漏判误差均超过 65%。蒲东川等(2020)采用分层随机抽样的方法,选择 80 个非重叠的区域,利用误差矩阵和六个精度评价指标对 GABAM 2010 年的数据精度进行了全面的评价与分析,结果表明,在全球尺度下,GABAM 火烧迹地数据产品的错分误差和漏分误差分别为 24.34% 和 31.60%,总体精度达到 97.85%。同时,对于火灾高发的区域,如热带亚热带草原区域,GABAM 精度较高。

总体而言,现有的低空间分辨率火烧迹地数据产品精度参差不齐,其整体精度范围为 70%～80%,而对于某些特殊的生物群落或者使用低空间分辨率的遥感数据(如 NOAA-AVHRR)时,精度只有 40%。虽然使用 NOAA-AVHRR 数据进行火烧迹地信息提取效果并不太好,但该遥感数据是1982—1991年这一时间段内提取火烧迹地信息的唯一遥感数据源,如果想要构建长时间序列火烧迹地信息数据,必须选择该数据。因此,如何在时间序列长度以及数据精度之间进行取舍,成为火烧迹地信息提取所面临的一个艰难抉择。

1.2　火烧迹地数据产品应用研究

近年来,火烧迹地数据产品发展迅速,同时也推动了数据应用的不断进步。虽然大多数数据集都是全球尺度的数据产品,但这些数据产品的应用却并不仅仅局限于全球尺度,在区域尺度下也得到了广泛的应用。尤其是在受火灾干扰频繁但却缺乏火灾统计数据的区域,火烧迹地数据产品往往被用于区域尺度下的火灾机制分析。

1.2.1　火灾风险评价

火灾的发生受诸多因素的影响,包括自然因素及人为因素。虽然火灾的发生具有正、负两方面的影响,但其负面影响往往大于正面影响。火灾风险评价成为火灾管理及其预防的重要手段。火灾风险评价可以明确火灾发生可能性最高的区域,从而减少生命、财产及自然资源等的损失。火灾风险评价结果是否准确,需要相应的火灾数据来进行验证,包括起火点位置以及火烧范围等信息。传统火灾统计数据可以提供火灾发生的位置信息,但不能对火烧范围进行空间化的表达,因而作为火灾风险评价验证数据存在一定的不足。高精度的火烧迹地信息则可以弥补这一不足,成为火灾风险评价有效的验证数据。

1.2.2　火灾燃烧排放估算

火灾对于陆地生态系统碳循环有着重要的影响,按其作用过程可以分为直接影响与间接影响。间接影响持续时间较长,主要原因是火灾的发生改变了原有的植被及碳汇结构,从而造成了火烧区碳的持续损失。直接影响则更为明显且易于观测,来源于燃烧过程中的碳排放,持续时间较短,仅发生于火灾发生期间。火灾的发生会带来众多温室气体的排放,包括二氧化碳、一氧化碳、氮氧化物等。此外,相关研究表明,随着全球气候环境的变化,火灾发生的频度增加,由火灾导致的温室气体排放量会进一步增加。

由于空间上的宏观性以及时间上的不确定性,故使用遥感数据能够更好地实现对火灾及其燃烧排放的监测与预测。目前,许多全球尺度或者区域尺度下的空气质量预测模型中均包含了火灾燃烧排放的计算模块,而且其计算过程都是以遥感提取的火烧迹地数据为基础的。

火灾排放物的计算方法大致可以分为自下而上和自上而下两种,前者通过对生物质燃烧时影响排放的各主要因子(如燃烧面积、燃烧效率等)进行量化评价来计算排放总量,后者则是对火灾发生形成的某种气体的实际排放量进行估算(如通过计算该气体大气浓度的变化进行总量估算)。其中,自下而上的方法应用更为广泛,其计算框架可以表示为

$$M_i = A \times \mathrm{FL} \times \beta \times \mathrm{EF}_i$$

式中,M_i 为第 i 种气体的排放总量(g);A 为火烧面积(m²);FL 为可燃物载量(g·m⁻²);β 为燃烧效率;EF_i 为气体 i 的排放因子。这一估算方法是全球火灾排放数据库(global fire emission database,GFED)采用的基本方法。火灾排放物的计算需要火灾发生面积及空间范围等信息,而基于遥感数据获取的火烧迹地数据能够较好地提供这方面信息,故而基于遥感数据获取的火烧迹地数据成为火灾排放物估算的基本数据之一。

1.2.3 全球植被动力学模型

全球植被动力学模型(dynamic global vegetation model,DGVM)可以实现气候条件变化影响下的植被动态模拟(如叶面积指数、植被覆盖度等),同时也可以实现相关能量交换和物质变化的模拟(如碳通量、感热通量、潜热通量)。典型的 DGVM 输入数据中均包含 CO₂ 数据,而如前所述,火灾是温室气体排放的重要影响因素,这就使得许多 DGVM 当中均包含了火灾模块。此外,一些动态植被模型(如 Lund-Potsdam-Jena,LPJ)还可以实现火灾干扰对陆地生态系统影响的模拟,分析火灾干扰下的全球植被动态特征。火烧迹地数据一般作为 DGVM 中火灾模块的校正数据,或者作为验证数据集对其模拟结果进行验证。随着 DGVM

的不断发展,对火烧迹地数据的需求也不断增加,从而进一步推动了基于遥感的火烧迹地数据集的开发及其相应算法的研究。

1.2.4 火灾后生态系统监测

火灾的发生会对生态系统产生严重的破坏,评价火灾对于生态环境的破坏程度成为火灾后生态系统监测的首要问题。在多数的研究案例中,火烧严重度(fire severity)成为评价火灾对于生态系统影响的主要方式。野外调查耗时费力,使得遥感成为火烧严重度评价不可缺少的手段之一。基于遥感的火烧严重度评价主要通过光谱指数来实现,如差分归一化燃烧指数(difference normalized burn ratio, dNBR)、综合火烧指数(composite burn index, CBI)等。在此基础之上,学者们从不同的角度对火烧后生态系统的变化特征进行了分析,包括火烧后栖息地特征变化、火灾后植被恢复、火灾后碳循环等,而火烧迹地数据中所包含的位置、火烧范围等信息是进行以上研究最基础的数据之一。

1.3 小结与展望

本章对近年来基于遥感的火烧迹地相关研究进行了系统回顾,首先,从现有的火烧迹地数据产品来看,虽然发展历史较短,但发展迅速,已经开发了十几种数据产品,各数据产品在时间、空间分辨率等方面存在一定差异。其次,从提取算法来看,火灾发生时的热异常以及火烧前后植被突变所带来的光谱特征变化,成为基于遥感提取火烧迹地信息的主要特征。再次,从现有数据产品精度来看,整体精度介于 70% 到 80% 之间,存在较大提升空间。最后,从火灾风险评价、火灾燃烧排放以及全球植被动力学模型等方面,对火烧迹地数据产品的应用进行了论述。可以看出,火烧迹地数据产品具有非常广泛的应用价值,但现有的火烧迹地数据产品还存在一定的不足,限制了其应用领域的扩展。火烧迹地数据产品的改进可从以下几个方面展开:

(1)构建长时间序列的火烧迹地数据产品集。火灾的发生为随机事件,长时间序列数据能够更好地刻画火灾机制,分析火灾发生频率与气候变化的相关性以及评价火灾对于全球碳循环的影响。而现有的火烧迹地数据产品时间序列均较短,例如,MODIS 火灾迹地数据产品只能提供 2000 年以来的数据,并未涉及 2000 年之前的数据;CBS 数据只提供了 1982—1999 年的火灾迹地数据产品。如何对不同的数据产品进行整合,或者开发适用于不同遥感数据源的火烧迹地信息提取算法,建立长时间序列火烧迹地数据产品,将成为未来火烧迹地研究的一个重要方向。

(2)开发高精度的火烧迹地数据产品集。如前所述,现有的火烧迹地数据产品虽然数量较多,但整体而言精度较低。只有充分考虑火灾发生时以及火灾发生前后的各种异常特性,真实反映火灾发生所带来的地表特征变化,才能建立更加精确、稳定的提取算法,提高火烧迹地数据产品精度。此外,从目前使用的数据来看,多为时间分辨率较高而空间分辨率较低的遥感数据。例如,现有的遥感数据如高分 2 号,时间分辨率为 5 天,比 MODIS、AVHRR 等数据的时间分辨率低,但其多光谱数据空间分辨率可达到 4 米,因此,开发针对此类卫星的遥感数据或者综合利用两类卫星遥感数据的火烧迹地提取方法,将大大提高火烧迹地数据产品的精度。

(3)建立多样化的火烧迹地数据产品集。现有的火烧迹地数据产品集均只包含了火烧像元的时间、空间位置以及面积等信息,但对于火灾发生时的其他特征却并未涉及,如火烧能量(fire energy)、火焰温度(fire temperature)以及火灾规模(fire size)等,而这些特征在相关研究中均有着重要的应用。此外,现有的火烧迹地数据产品集对于热带地区的火灾以及秸秆焚烧的探测能力有限。因此,改良现有火烧迹地数据产品集,增加新的监测内容,将进一步扩大火烧迹地数据产品集的应用范围。

参考文献

包玉龙,张继权,刘兴朋,等,2013.基于 HJ-1B 卫星数据的草原火烧迹地提取及灾前可燃物特征分析[J].灾害学,28(01):32-35.
车明亮,陈报章,王瑛,等,2014.全球植被动力学模型研究综述[J].应用生态学报,25(01):263-271.

李明泽,康祥瑞,范文义,2017.呼中林区火烧迹地遥感提取及林火烈度的空间分析[J].林业科学,53(03):163-174.

彭光雄,沈蔚,胡德勇,等,2008.基于烟羽掩膜的森林火点 MODIS 探测方法研究[J].红外与毫米波学报(03):185-189.

蒲东川,张兆明,龙腾飞,等,2020.分层随机抽样下全球 30 m 火烧迹地产品验证[J].遥感学报,24(05):550-558.

田晓瑞,代玄,王明玉,等,2016.多气候情景下中国森林火灾风险评估[J].应用生态学报,27(03):769-776.

王乾坤,于信芳,舒清态,2017.基于时间序列遥感数据的森林火烧迹地提取[J].自然灾害学报,26(01):1-10.

肖潇,冯险峰,孙庆龄,2016.利用 MODIS 影像提取火烧迹地方法的研究[J].地球信息科学学报,18(11):1529-1536.

杨伟,张树文,姜晓丽,2015.基于 MODIS 时序数据的黑龙江流域火烧迹地提取[J].生态学报,35(17):5866-5873.

尤慧,刘荣高,祝善友,等,2013.加拿大北方森林火烧迹地遥感分析[J].地球信息科学学报,15(04):597-603.

祖笑锋,覃先林,尹凌宇,等,2015.基于高分一号影像光谱指数识别火烧迹地的决策树方法[J].林业资源管理(04):73-78,83.

ACHARD F, EVA H D, MOLLICONE D, et al, 2008. The effect of climate anomalies and human ignition factor on wildfires in Russian boreal forests[J]. Philosophical Transactions of the Royal Society B: Biological Sciences, 363(1501): 2329-2337.

AMIRO B D, BARR A G, BARR J G, et al, 2010. Ecosystem carbon dioxide fluxes after disturbance in forests of North America[J]. Journal of Geophysical Research: Biogeosciences, 115(G4):1-13.

ANDELA N, VAN DER WERF G R, KAISER J W, et al, 2016. Biomass burning fuel consumption dynamics in the tropics and subtropics assessed from satellite[J]. Biogeosciences, 13(12): 3717-3734.

BARBOSA P M, STROPPIANA D, GRÉGOIRE J M, et al, 1999. An

assessment of vegetation fire in Africa (1981—1991): Burned areas, burned biomass, and atmospheric emissions[J]. Global Biogeochemical Cycles, 13(4): 933 – 950.

BOSCHETTI L, EVA H D, BRIVIO P A, et al, 2004. Lessons to be learned from the comparison of three satellite-derived biomass burning products[J]. Geophysical Research Letters, 31(21):177 – 178.

BOWMAN D M J S, BALCH J K, ARTAXO P, et al, 2009. Fire in the earth system[J]. Science, 324(5926): 481 – 484.

CARDOSO M F, HURTT G C, MOORE III B, et al, 2005. Field work and statistical analyses for enhanced interpretation of satellite fire data[J]. Remote Sensing of Environment, 96(2): 212 – 227.

CARMONA-MORENO C, BELWARD A, MALINGREAU J P, et al, 2005. Characterizing interannual variations in global fire calendar using data from Earth observing satellites[J]. Global Change Biology, 11(9): 1537 – 1555.

CHEN G, METZ M R, RIZZO D M, et al, 2015. Mapping burn severity in a disease-impacted forest landscape using Landsat and MASTER imagery[J]. International Journal of Applied Earth Observation and Geoinformation(40): 91 – 99.

CHEN J, CHEN W, LIU J, et al, 2000. Annual carbon balance of Canada's forests during 1895—1996 [J]. Global Biogeochemical Cycles, 14(3): 839 – 849.

CHUVIECO E, CONGALTON R G, 1988. Mapping and inventory of forest fires from digital processing of TM data[J]. Geocarto International, 3(4): 41 – 53.

CHUVIECO E, ENGLEFIELD P, TRISHCHENKO A P, et al, 2008. Generation of long time series of burn area maps of the boreal forest from NOAA-AVHRR composite data[J]. Remote Sensing of Environment, 112(5): 2381 – 2396.

CHUVIECO E, YUE C, HEIL A, et al, 2016. A new global burned

area product for climate assessment of fire impacts[J]. Global Ecology and Biogeography, 25(5): 619 – 629.

DENNISON P E, ROBERTS D A, 2003. Endmember selection for multiple endmember spectral mixture analysis using endmember average RMSE[J]. Remote Sensing of Environment, 87(2 – 3):123 – 135.

DIAGNE M, DRAME M, FERRAO C, et al, 2009. Multisource data integration for fire risk management: The local test of a global approach[J]. IEEE Geoscience and Remote Sensing Letters, 7(1): 93 – 97.

DWYER E, PINNOCK S, GRÉGOIRE J M, et al, 2000. Global spatial and temporal distribution of vegetation fire as determined from satellite observations [J]. International Journal of Remote Sensing, 21 (6 – 7): 1289 – 1302.

ELLICOTT E, VERMOTE E, GIGLIO L, et al, 2009. Estimating biomass consumed from fire using MODIS FRE[J]. Geophysical Research Letters, 36(13):1 – 15.

GERARD F, PLUMMER S, WADSWORTH R, et al, 2003. Forest fire scar detection in the boreal forest with multitemporal SPOT-VEGETATION data[J]. IEEE Transactions on Geoscience and Remote Sensing, 41(11): 2575 – 2585.

GIGLIO L, LOBODA T, ROY D P, et al, 2009. An active-fire based burned area mapping algorithm for the MODIS sensor[J]. Remote Sensing of Environment, 113(2): 408 – 420.

GIGLIO L, RANDERSON J T, VAN DER WERF G R, et al, 2010. Assessing variability and long-term trends in burned area by merging multiple satellite fire products[J]. Biogeosciences, 7(3): 1171 – 1186.

GIGLIO L, RANDERSON J T, VAN DER WERF G R, 2013. Analysis of daily, monthly, and annual burned area using the fourth-generation global fire emissions database (GFED4)[J]. Journal of Geophysical Research: Biogeosciences, 118(1): 317 – 328.

GIGLIO L, VAN DER WERF G R, RANDERSON J T, et al, 2006.

Global estimation of burned area using MODIS active fire observations[J]. Atmospheric Chemistry and Physics，6(4)：957 – 974.

HUIJNEN V，WOOSTER M J，KAISER J W，et al，2016. Fire carbon emissions over maritime southeast Asia in 2015 largest since 1997 [J]. Scientific Reports，6(1)：1 – 8.

MONTEALEGRE A L，LAMELAS M T，TANASE M A，et al，2014. Forest fire severity assessment using ALS data in a Mediterranean environment[J]. Remote Sensing，6(5)：4240 – 4265.

ROY D P，BOSCHETTI L，JUSTICE C O，et al，2008. The collection 5 MODIS burned area product—Global evaluation by comparison with the MODIS active fire product[J]. Remote Sensing of Environment，112(9)：3690 – 3707.

ROY D P，BOSCHETTI L，2009. Southern Africa validation of the MODIS，L3JRC，and GlobCarbon burned-area products[J]. IEEE transactions on Geoscience and Remote Sensing，47(4)：1032 – 1044.

RUIZ J A M，LÁZARO J R G，CANO I D Á，et al，2014. Burned area mapping in the North American boreal forest using terra-MODIS LTDR (2001—2011)：A comparison with the MCD45A1，MCD64A1 and BA GEOLAND – 2 products[J]. Remote Sensing，6(1)：815 – 840.

VAN-DER-WERF G R，RANDERSON J T，GIGLIO L，et al，2017. Global fire emissions estimates during 1997—2016[J]. Earth System Science Data，9(2)：697 – 720.

第2章　遥感基本概念及常用遥感数据

遥感技术是20世纪60年代以来逐渐兴起的一项对地观测综合性技术。它以电磁波理论为基础,通过各种传感仪器对远距离的目标物进行辐射或者反射电磁波信息的探测,并进行收集、处理、成像等过程,从而实现对地表各种物体的综合性探测。

2.1　基本概念

2.1.1　遥感

遥感一词为英语"remote sensing"的中文翻译,即"遥远的感知"。遥感技术是指在不与探测目标接触的情况下,利用探测仪器接收来自目标地物的电磁辐射信号,将其记录下来,并通过相应分析手段,揭示目标物特征性质及其变化的综合性探测技术。

2.1.2　传感器

接收、记录目标物电磁辐射特征的仪器称为传感器。传感器是遥感技术系统的重要组成部分,通常由收集器、探测器、信号处理和输出设备四部分组成。

根据接收电磁辐射波长的差异,传感器可分为紫外传感器、可见光传感器、红外传感器和微波传感器等。

(1)紫外传感器:使用近紫外波段,波长范围为0.3微米~0.4微米。

(2)可见光传感器:接收电磁辐射范围在可见光范围内,即0.38微米~0.76微米。

(3)红外传感器:接收电磁辐射范围为0.73微米~14微米,其中

3 微米～14 微米又称为热红外波段。

（4）微波传感器：接收电磁辐射范围为 1 毫米～1 米，主要包括雷达、微波高度计、微波散射计等。

2.1.3　遥感平台

搭载传感器的平台被称为遥感平台。遥感平台按照距离地面的高度或者运载工具的类型，可以分为：①地面平台，主要包括车、船、高塔等，高度为 0～50 米；②航空平台，如飞机、无人机、气球等，高度在百米至十余千米不等；③航天平台，以卫星为主，高度在 150 千米以上。

2.2　遥感数据类型

2.2.1　按平台划分

如前所述，按照高度或者运载工具的差异，可将遥感平台划分为不同的类型。按照遥感平台的差异，可将遥感分为航天遥感、航空遥感以及地面遥感。

（1）航天遥感：指将传感器设置于人造卫星、载人飞船、空间站等平台的遥感探测技术。此外，广义的航天遥感也包括对各种行星的探测。其中，卫星遥感为最主要的航天遥感类型，即以人造地球卫星为平台，利用传感器对地球表面进行探测的技术。

（2）航空遥感：泛指以飞机、气球等为平台进行地面观测的遥感技术。

（3）地面遥感：泛指以车、船、高塔等作为传感器搭载平台的遥感探测技术。

2.2.2　按工作方式划分

1. 按是否成像划分

按照传感器是否成像，可将遥感划分为成像遥感与非成像遥感。

（1）成像遥感：传感器接收目标地物电磁辐射信号，并将其转换成数字图像或者模拟图像。

（2）非成像遥感：传感器接收目标地物电磁辐射信号，并将其记录下来，但不能形成图像。

2. 按是否发射电磁信号划分

按照传感器是否发射电磁信号，可将遥感分为主动遥感与被动遥感。

（1）主动遥感：传感器主动发射电磁辐射信号，通过接收目标物对该信号的反射进行探测。

（2）被动遥感：传感器不主动发射电磁辐射信号，依靠被动接收目标地物发射或者反射的电磁辐射进行探测。

2.2.3　按应用领域划分

按照应用领域，遥感可大致划分为资源遥感与环境遥感两大类。

（1）资源遥感：将遥感技术应用于地表资源的探测、开发、利用、规划、管理和保护。资源遥感可用于调查与监测地表资源（如土地资源、植物资源、水资源等）的分布、规模及其动态变化，是遥感最主要的应用领域之一。

（2）环境遥感：利用遥感技术对自然以及社会环境的状况或者其动态变化进行监测。

此外，如按照遥感技术具体的应用领域，可划分为农业遥感、林业遥感、地质遥感、气象遥感、水文遥感、城市遥感等。

2.3　遥感图像的分辨率

传感器对地物信息观测的结果即生成遥感图像。因此，遥感图像即被探测目标的信息载体。遥感图像的特性或者其图像质量的表征参数主要包括空间分辨率、时间分辨率、光谱分辨率以及辐射分辨率。

2.3.1　空间分辨率

遥感图像的空间分辨率是指单个像元所代表的地面范围大小，即扫描仪的瞬时视场或者传感器对地面物体所能分辨的最小单位。不同传感器形成的遥感图像，空间分辨率存在较大差异。如 Quickbird 卫星图像的空间分辨率最高可达 0.61 米，Landsat TM 图像的空间分辨率为

30 米,MODIS 遥感图像的空间分辨率最低为 1 千米。

空间分辨率是遥感图像最重要的参数之一,不同的应用需求可选择不同空间分辨率的遥感数据。对小型环境特征的监测,需要米级或者亚米级的高空间分辨率遥感数据,如城市内部调查。对于中型环境特征的监测,可选择中等空间分辨率遥感数据,如作物估产、植物群落监测等。对于一些大尺度的遥感监测,如国家或者全球尺度,可选择低空间分辨率遥感数据。

2.3.2　时间分辨率

时间分辨率是指传感器对同一地点进行重复观测的时间间隔,即观测的时间频率,也称为重访周期。不同遥感数据的时间分辨率差异也较大。以卫星遥感为例,MODIS 数据为 1 次/天,Landsat 为 1 次/16 天或 1 次/18 天,中巴资源卫星为 1 次/26 天等。此外,还有周期更长或者周期不定的遥感数据。

时间分辨率对于特定的应用需求尤其重要,例如,天气预报对大气状况的监测需要非常高的时间频率,往往以"小时"为单位;农业灾害的监测、植物或者作物生长状况监测等,需要以"日"或者"旬"为单位;城市扩展、土地利用变化等需要的时间频率较低,多以"年"为单位。总之,应根据具体的目标,选择相适应的时间分辨率。

2.3.3　光谱分辨率

光谱分辨率是指传感器在接收目标地物电磁辐射信息时所能分辨的最小波长间隔。间隔越小,光谱分辨率越高。此外,光谱分辨率也可理解为传感器在波长方向上的记录宽度,也可称为波段宽度。宽度越窄,则波段数量越多,光谱分辨率就越高。

光谱分辨率越高,包含的地物信息就越丰富,可以分辨出不同地物光谱特征的微小差异,有利于识别更多的目标。

2.3.4　辐射分辨率

辐射分辨率指传感器能够分辨的目标反射或辐射的电磁辐射强度的最小量化级。辐射分辨率在可见光、近红外波段用噪声等效反射率表示,在热红外波段用噪声等效温差、最小可探测温差和最小可分辨温差表示。辐射分辨率越小,表明传感器越灵敏。辐射分辨率的计算方式如下:

$$R = (R_{\max} - R_{\min})/D \qquad (2-1)$$

式中,R 为辐射分辨率;$R_{\max}$ 为最大辐射量值;$R_{\min}$ 为最小辐射量值;D 为量化级。

2.4　遥感数据处理

在利用卫星遥感数据进行森林火灾火烧迹地制图或者林火污染物排放估算时,通常需要对所选择的卫星遥感数据进行一系列的预处理,包括辐射定标、大气校正、几何校正等。

2.4.1　辐射定标

辐射定标(radiometric calibration)是将传感器记录的原始信号或者数字值(digital number,DN)转换为具有物理量纲的辐射亮度值或者反射率值的过程。对于卫星遥感来讲,由于地球外层空间环境的影响,卫星及所搭载的传感器在经历长时间的运行后,性能都会出现波动。为了获取气候和环境变化的准确、可比较的测量数据,需要将传感器记录的原始信号转化为标准物理量,即辐射定标的过程。

辐射定标的方法包括实验室定标、机上/星上定标和场地定标。不同传感器的定标参数存在差异,但通常采用如下公式进行:

$$L = \text{gain} \times \text{DN} + \text{offset} \qquad (2-2)$$

式中,L 为辐射亮度值,单位为 $W/(cm^2 \cdot \mu m \cdot sr)$[瓦特/(平方厘米·微米·球面度)];DN 为传感器记录的像元原始亮度值(如 Landsat TM 为 0～255,MODIS 为 0～1023),无单位;gain 为增益系数;offset 为偏移量。

2.4.2　大气校正

由于传感器所探测到的目标地物电磁辐射特征中既包含了地物的信息,也包含了大气的信息,因此想要利用遥感的方式观测地表的生物物理特性时,必须将大气的影响进行消除。大气对电磁辐射的影响主要包括吸收、散射、折射以及反射等。其中,散射的影响最为重要。大气的散射主要包括瑞利散射、米氏散射和无选择性散射三大类,瑞利散射是造成短波遥感图像辐射畸变和图像模糊的主要原因之一。

通过大气校正,可对大气造成的遥感图像辐射畸变进行纠正。遥感图像大气校正的方法较多,在多数的校正算法中,均需要通过辐射传输方程,建立查找表来进行。因此,需要对大气辐射传输理论进行量化建模,如基于大气光学参数的辐射传输模型,如 RADFIELD 辐射模型,也包括常用的基于大气参数的模型,如 MODTRAN、6S 等大气辐射近似计算模型。此类模型操作及学习复杂,多为专业人员使用。为方便普通用户使用,很多遥感图像处理软件中均包含了大气校正模块,如 ENVI 软件下的大气校正模块 FLAASSH(fast line-of-sigh atmospheric analysis of spectral hypercubes)。

FLAASSH 是由光谱科学研究所在美国空气动力实验室支持下开发的大气校正模块,该模块直接结合了 MODTRAN 的大气辐射传输编码,按要求提供相关参数(如光谱响应函数、太阳高度角、成像时间、气溶胶模型等)后,即可实现对卫星影像的大气校正处理。FLAASSH 模块目前已集成在 ENVI 软件中,可以实现对 Landsat、SPOT、MODIS、AVHRR 等大多数卫星遥感数据的大气校正。

2.4.3　几何校正

由于遥感平台姿态、速度、地形起伏、地表曲率、大气折射以及地球自转等因素的影响,卫星传感器所获取的影像很难完美地体现地表景观的空间特征,即地物相对于实际地面位置的偏移、扭曲、拉伸等,这一现象被称为几何畸变。Toutin 将导致卫星遥感影像几何畸变的原因分为两类:一是影像获取系统所导致的潜在误差,包括遥感平台、传感器以及成像系统中的其他装置或者设备;二是源于被观测物体的误差,如大气折射、地球曲率、地球自转、地形起伏以及地图投影等。

几何校正可分为几何粗校正和几何精校正两类。几何粗校正针对引起几何畸变的各种系统因素所导致的系统性误差进行校正,由遥感数据的接收部门,通过卫星地面站或者影像商提供的系统参数进行处理,对影像予以校正。几何精校正则是利用地面控制点的方式，对非系统因素产生的几何畸变进行校正。几何精校正用一种数学模型来近似地描述遥感图像的几何畸变过程，利用畸变图像与标准图像之间的对应点（控制点）求出几何畸变模型，然后利用该模型进行几何畸变的校正。

2.4.4　遥感图像配准

随着遥感技术的不断发展，遥感影像数据也越来越丰富。对于同一观测区域来讲，可以获取不同传感器、不同波谱范围以及不同成像时间的多种遥感影像。各种遥感数据性能各有优劣，为充分利用各遥感数据的优势，取长补短，可以对同一地区不同时相或者不同分辨率的遥感影像数据进行图像融合处理。进行融合处理的前提是各种影像数据间几何特征的一致性，因此，需要先对待融合数据进行图像几何配准。通过图像配准，可以将不同传感器、不同时间，抑或不同成像条件下获取的两幅或者多幅影像进行空间匹配、叠加等分析。目前，图像配准已经广泛用于专题图制作、遥感数据分析、图像分类等各种领域。

遥感图像配准可分为绝对配准和相对配准两类。绝对配准需要在配准前先定义一个控制网格，待配准图像均以此网格为参照进行配准，也就是通过对每个遥感图像分别进行几何校正来实现坐标系统的统一；相对配准是指在多幅遥感图像中选择一幅作为参照，剩余待配准影像均以之为基准进行配准，坐标系统任意。

确定控制点是影像配准的基础，主要包括基于灰度的影像匹配以及基于特征的影像匹配两种。基于灰度的影像匹配方法一般不需要对图像进行复杂的预先处理，而是利用图像本身具有灰度的一些统计信息来度量图像的相似程度。较之前者，基于特征的影像匹配方法更为复杂，其过程一般包含四个步骤：特征的监测、特征的描述、特征匹配以获取候选点、剔除误匹配点。在选择控制点之后，还需要建立影像配准的数学模型，以描述两幅影像之间的几何映射关系，即几何配准模型。几何配准模型一般可分为线性变换模型和非线性变换模型两种。

2.5　常用卫星遥感数据

2.5.1　EOS 计划

当今全球环境变化研究的关键问题是明确地球大气圈、水圈、岩石圈与生物圈之间的相互作用和相互影响。为了对大气和地球环境变化进行长期的观测与研究,美国航空航天局(NASA)建立了地球观测系统(earth observing system,EOS),以承担对陆地、海洋和大气以及三者交互作用的长期观测、研究和分析的计划。

Terra 卫星由美国、日本和加拿大合作开发,为 EOS 系列的第一颗轨道卫星,于 1999 年 12 月 18 日发射成功。Terra 卫星采用太阳同步轨道,每天环绕地球 16 圈,卫星高度 705 千米。因其过境时间为每日地方时上午 10：30,故又被称为上午星。

Aqua 为 EOS 系列的第二颗轨道卫星,于 2002 年 5 月 4 日发射成功。为了与 Terra 卫星在数据采集时间上相互配合,Aqua 卫星每天下午从南向北通过赤道,故又被称为下午星。

1. MODIS 传感器

中分辨率成像光谱仪(moderate-resolution imaging spectroradiometer,MODIS)是搭载在 Terra 和 Aqua 卫星上的一个重要的传感器。MODIS 是当前世界上新一代"图谱合一"的光学遥感仪器,共有 490 个探测器,地面分辨率分别为 250 米、500 米以及 1000 米,扫描宽度为 2330 千米,每日或每两日可获得一次全球观测数据。其数据特点主要包括:①全球免费。MODIS 是唯一将实时卫星观测数据通过 x 波段向全世界直接广播,且可以免费接收数据并无偿使用的星载仪器,可为全球科学家提供廉价且实用的卫星数据资源。②覆盖光谱范围广。MODIS数据有 36 个离散光谱波段,光谱范围宽,从 0.4 微米(可见光)到 14.4 微米(热红外)全光谱覆盖。③接收方式简单。MODIS 利用 x 波段向地面发送数据,并在数据发送过程中增加了纠错能力,以确保更优质的信号。④更新速度快。Terra 和 Aqua 在时间上相互配合,可得到每天最少 2 次白天和 2 次夜晚的数据更新,较高的更新频率对于实时的地面监测或者应急情况(如森林火灾监测等)具有更大的实用价值。

MODIS 波段分布特征如表 2-1 所示。

表 2-1　MODIS 波段分布特征

波段	光谱范围/纳米	主要用途	分辨率/米
1	620~670	陆地/云边界	250
2	841~876		
3	459~478	陆地/云特性	500
4	545~565		
5	1230~1250		
6	1628~1652		
7	2105~2155		
8	405~420	海洋颜色/浮游植物/生物化学	
9	438~448		
10	483~493		
11	526~536		
12	546~556		
13	662~672		
14	673~683		
15	743~753		
16	862~877		
17	890~920	大气水蒸气	
18	931~941		
19	915~965		
20	3660~3840	地表/云温度	
21	3929~3989		
22	3929~3989		
23	4020~4080		
24	4433~4498	大气温度	
25	4482~4948		
26	1360~1390	卷云	
27	6536~6895	水蒸气	
28	7175~7475		
29	8400~8700		
30	9580~9880	臭氧	
31	10780~11280	地表/云温度	
32	11770~12270		
33	13185~13485	云顶高度	
34	13485~13785		
35	13785~14085		
36	14085~14385		

MODIS 数据可用于对地表、生物圈、固态地球、大气和海洋进行长期全球观测。多波段数据可以同时提供反映陆地、云边界、云特性、海洋水色、浮游植物、生物地理、化学、大气中水汽、地表温度、云顶温度、大气温度、臭氧和云顶高度等特征的信息，用于对地表、生物圈、固态地球、大气和海洋进行长期全球观测。

2. MODIS 数据产品

MODIS 数据的开发小组从 20 世纪 80 年代末就开始致力于产品和算法的研究开发。MODIS 的产品分为大气、海洋、陆地三大块，分别用 MODatmospheres、MODocean、MODland 表示。MOD04 ~ MOD08、MOD35 为大气产品，MOD09 ~ MOD17、MOD33、MOD40、MOD43、MOD44 为陆地产品，MOD18 ~ MOD32，MOD36 ~ MOD39、MOD42 为海洋产品。本书所涉及的主要为 MODIS 的陆地产品。

MODIS 数据的前七个波段主要用于陆地产品的开发，陆地系列产品共有十多种，且每种产品均有多种空间和时间分辨率可选。MODIS 陆地产品如表 2 - 2 所示。

表 2 - 2 MODIS 陆地产品列表

产品名称	产品 ID	空间分辨率/米	时间分辨率
表面反射率（surface reflectance）	MOD09GQ	250	每日
	MOD09Q1	250	8 天
	MOD09A1	500	8 天
	MOD09GA	500/1000	每日
	MOD09CMG	5600	每日
地表温度与辐射率（land surface emperature & emissivity）	MOD11B1	15000	8 天
	MOD11A1	1000	每日
	MOD11A2	1000	8 天
土地覆盖类型（land cover type）	MOD12Q1	1000	每年
	MOD12C1	5600	每年
植被指数（vegetation indices）	MOD13A1	500	16 天
	MOD13A2	1000	16 天
	MOD13A3	1000	每月
	MOD13Q1	250	16 天

续表

产品名称	产品 ID	空间分辨率/米	时间分辨率
热反常与火灾(thermal anomalies & fire)	MOD14A1	1000	每日
	MOD14A2	1000	8 天
叶面积指数(leaf area index)	MOD15A2	1000	8 天
总初级生产力(gross primary productivity)	MOD17A2	1000	8 天
反照率(albedo)	MCD43A3	500	16 天
	MCD43B3	1000	16 天
	MCD43C3	5600	16 天
植被连续区域(vegetation continuous fields)	MOD44B	500	每年
火烧迹地	MCD45A1	500	每月

MODIS 各级数据产品可通过 NASA 官网或者地理空间数据云进行查询下载。

2.5.2　陆地卫星计划(Landsat)

陆地卫星计划在 1966 年发起时被称为"地球资源卫星计划(Earth Resource Technology Satellites Program)",后来于 1975 年更名为"陆地卫星计划(Landsat)"。在美国内务部和 NASA 的共同努力下,陆地卫星计划于 1972 年 7 月 23 日发射第一颗陆地卫星 Landsat1。目前陆地卫星已发射 9 颗,即 Landsat1~Landsat9,其中 Landsat6 发射失败。目前,Landsat1~Landsat5 已陆续失效。各卫星发射时间及相关情况见表 2-3。

表 2-3　Landsat 卫星计划

卫星	Landsat1	Landsat2	Landsat3	Landsat4	Landsat5	Landsat6	Landsat7	Landsat8	Landsat9
发射时间	1972.7	1975.1	1978.3	1982.7	1984.3	1993.1	1999.4	2013.2	2021.9
覆盖周期	18 天	18 天	18 天	16 天	16 天	—	16 天	16 天	16 天
扫描宽度	185 千米	185 千米	185 千米	185 千米	185 千米	—	185 千米	185 千米	185 千米
波段数	4	4	4	7	7	—	8	11	11

卫星	Landsat1	Landsat2	Landsat3	Landsat4	Landsat5	Landsat6	Landsat7	Landsat8	Landsat9
传感器	MSS	MSS	MSS	MSS、TM	MSS、TM	—	ETM+	OLI、TIRS	OLI、TIRS
运行情况	1978 年退役	1976 年失灵，1980 年修复，1982 年退役	1983 年退役	1983 年退役	2013 年退役	发射失败	2003.5 出现故障	在役服务	在役服务

早期的 Landsat 系列（Landsat1～Landsat5）卫星携带的传感器主要为 MSS 传感器，全称为多光谱扫描仪（multispectral scanner），MSS 数据空间分辨率为 60 米，文件格式采用 GeoTIFF 格式，地图投影均采用 UTM-WGS84 坐标系，其主要波段设置如表 2-4 所示。

表 2-4　MSS 传感器

Landsat1～Landsat3	Landsat4～Landsat5	光谱范围/微米	空间分辨率/米
MSS-4	MSS-1	0.5～0.6	78
MSS-5	MSS-2	0.6—0.7	78
MSS-6	MSS-3	0.7～0.8	78
MSS-7	MSS-4	0.8～1.1	78

Landsat4～Landsat5 卫星同时搭载了新一代传感器，即专题制图仪（thematic mapper，TM）。TM 传感器空间分辨率为 30 米，文件格式与地图投影均与 MSS 相同，重复周期为 16 天。TM 影像数据文件由 7 个光谱带组成，波段 1 至波段 5 以及波段 7 空间分辨率为 30 米。波段 6 为热红外波段，实际空间分辨率为 120 米，但经重采样后，空间分辨率为 30 米。TM 传感器波段划分如表 2-5 所示。

表 2-5　TM 传感器

传感器	波段	光谱范围/微米	空间分辨率/米
	TM-1	0.45~0.52	30
	TM-2	0.52~0.60	30
	TM-3	0.63~0.69	30
TM	TM-4	0.76~0.90	30
	TM-5	1.55~1.75	30
	TM-6	10.40~12.50	120(30)
	TM-7	2.08~2.35	30

自 1999 年 7 月以来,Landsat7 卫星搭载的增强型专题制图仪 (enhanced thematic mapper plus,ETM+)传感器几乎连续不断地获取地球图像,重访周期为 16 天,较之 TM 传感器,ETM+增加了全色波段,空间分辨率提高到 15 米。ETM+传感器由 8 个光谱带组成,波段 1 至 7 空间分辨率为 30 米,波段 8 为全色波段,空间分辨率 15 米。所有波段都可以收集两种增益(高或低)中的一种,以提高辐射灵敏度和动态范围。ETM+传感器波段划分如表 2-6 所示。

表 2-6　ETM+传感器

传感器	波段	光谱范围/微米	空间分辨率/米
	1	0.45~0.52	30
	2	0.52~0.60	30
	3	0.63~0.69	30
	4	0.76~0.90	30
ETM+	5	1.55~1.75	30
	6	10.40~12.50	60(30)
	7	2.08~2.35	30
	8	0.52~0.90	15

2013 年 2 月,NASA 成功发射了 Landsat8 卫星,该卫星共携带了两个传感器,分别是陆地成像仪(operational land imager,OLI)和热红外传感器(thermal infrared sensor,TIRS)。Landsat8 在空间分辨率和光谱特性等方面与 Landsat1~Landsat7 基本保持一致,共包含 11 个波段,

其中波段 1～7、波段 9～11 空间分辨率为 30 米,波段 8 为 15 米空间分辨率的全色波段,每 16 天可实现一次全球覆盖。

OLI 传感器有 9 个波段,与 ETM＋相比,OLI 对波段设置做了一定的调整:①近红外波段范围调整为 0.845～0.885 微米,排除了 0.825 微米处水汽吸收的影响;②缩窄了全色波段的波长范围,从而能够更好地区分植被和非植被区域;③新增了两个波段,波段 1 蓝光波段主要用于海岸带观测,波段 9 短波红外波段可应用于云检测。此外,Landsat8 独立搭载了热红外传感器 TIRS,可获得 100 米分辨率的热红外波段数据。由于增加了波段以及提升至 16 位数据产品,Landsat8 卫星的数据大小比 Landsat7 卫星的数据要大。OLI 以及 TIRS 传感器波段设置如表 2－7 所示。

表 2－7　OLI 及 TIRS 传感器

传感器	波段	光谱范围/微米	分辨率/米
OLI	Band 1 – coastal aerosol	0.43～0.45	30
	Band 2 – blue	0.45～0.51	30
	Band 3 – green	0.53～0.59	30
	Band 4 – red	0.64～0.67	30
	Band 5 – near infrared (NIR)	0.85～0.88	30
	Band 6 – SWIR 1	1.57～1.65	30
	Band 7 – SWIR 2	2.11～2.29	30
	Band 8 – panchromatic	0.50～0.68	15
	Band 9 – cirrus	1.36～1.38	30
TIRS	Band 10 – thermal infrared (TIRS) 1	10.6～11.19	100
	Band 11 – thermal infrared (TIRS) 2	11.50～12.51	100

Landsat9 是美国陆地卫星计划的第九颗卫星,于 2021 年 9 月发射。为减少研发时间以及观测数据的中断,Landsat9 很大程度上可以看作是 Landsat8 的复制版。Landsat9 携带了二代陆地成像仪(operational land imager 2,OLI－2)和二代热红外传感器(thermal infrared sensor 2,

TIRS-2)。与初代 OLI 传感器相比,OLI-2 的辐射测量精度由 12 位量化提高到 14 位量化,并略微提高了总体信噪比。与此同时,TIRS-2 同样通过两个波段(波段 10 和波段 11)对地球表面的热红外辐射进行探测,但这两个波段的性能要比初代 TIRS 强。与 OLI 以及 TIRS 相比,OLI-2 以及 TIRS-2 的波段设置并无变化。

Landsat 系列数据可通过美国国家地质调查(USGS)的网站(https://www.usgs.gov)或者地理空间数据云(www.gscloud.cn)进行查询和下载。

2.5.3　Sentinel(哨兵)系列

哨兵系列卫星是欧洲"哥白尼(Copernicus)计划"空间部分的所属卫星系列。"哥白尼计划"由欧盟进行总体协调和管理,由欧盟各成员国、欧洲中期天气预报中心、欧洲气象卫星应用组织等共同完成。该计划致力于发展基于卫星及实测数据的信息服务,并对全球用户免费开放,可用于环境监测、土地管理、气候变化、应急响应等诸多领域。哨兵系列卫星是"哥白尼计划"的核心组成,该项目由欧洲航天局资助,主要包括 2 颗哨兵-1 卫星、2 颗哨兵-2 卫星、2 颗哨兵-3 卫星、1 个哨兵-4 卫星、1 个哨兵-5 卫星、1 颗哨兵-5 的先导星——哨兵-5P 以及 1 颗哨兵-6 卫星(见表 2-8)。

表 2-8　哨兵系列卫星发射情况

卫星名	发射时间	预计寿命	卫星定位
Sentinel-1A	2014.4.3	在运行,预期寿命 7 年	雷达
Sentinel-1B	2016.4.25	在运行,预期寿命 7 年	雷达
Sentinel-2A	2015.6.23	在运行,预期寿命 7 年	高分辨率光学
Sentinel-2B	2017.3.7	在运行,预期寿命 7 年	高分辨率光学
Sentinel-3A	2016.2.16	在运行,预期寿命 7 年	包含雷达、光学成像光谱仪、定位等 7 类传感器
Sentinel-3B	2018.4.25	在运行,预期寿命 7 年	包含雷达、光学成像光谱仪、定位等 7 类传感器

卫星名	发射时间	预计寿命	卫星定位
Sentinel-4	计划发射	预期寿命 8.5 年	气象
Sentinel-5P	2017.10.13	在运行,预期寿命 7 年	大气污染观测
Sentinel-5	计划发射	预期寿命 7.5 年	大气监测
Sentinel-6A	2021.11.21	在运行,预期寿命 5.5 年	全球海洋地形观测

哨兵 1 号包含 2 颗卫星,载有 C 波段合成孔径雷达,可提供连续图像(白天、夜晚和各种天气)。2 颗卫星的运行高度均为 693 千米,同为近极地太阳同步轨道。哨兵-1A 于 2014 年 4 月发射成功,哨兵 1B 于 2016 年 4 月发射成功。两者成像模式相同,具有 4 种成像模式,可为陆地和海洋服务提供全天时、全天候的雷达图像,提供一系列运营服务,包括北极海冰、日常海冰测绘,海洋环境监视监测科研,监测地面运动风险,森林制图,水和土壤管理、测绘,以及支持人道主义援助和危机情况。哨兵-1A、哨兵-1B 卫星的协同工作可将重访周期从 12 天缩减到 6 天,提高全球气候变化数据的时效性。

与哨兵 1 号不同,哨兵 2 号为高分辨率多光谱成像卫星,其任务在于对全球陆地表面进行多光谱成像,应用领域涵盖陆地监测、风险管理(森林火灾、洪水、山体滑坡等)、土地利用变化、植被和土壤监测等方面。哨兵 2 号可与美国 Landsat 系列卫星以及法国 SPOT 系列卫星结合,为用户提供高质量的互补的遥感数据。哨兵 2 号由 2 颗相同的卫星组成,哨兵-2A 于 2015 年 6 月发射成功,哨兵-2B 于 2017 年 3 月发射成功。哨兵 2 号携带的传感器为多光谱成像仪(MSI),可实现 13 个光谱波段的覆盖,幅宽为 290 千米,单颗卫星的重访周期为 10 天,2 颗卫星结合每 5 天可完成一次对赤道地区的完整成像,且对于纬度较高的欧洲地区,这一周期可缩短为 3 天。哨兵 2 号卫星从可见光、近红外到短波红外波段,空间分辨率各不相同,分别为 10 米、20 米和 60 米。在光学数据中,哨兵 2 号是唯一一个在红边范围内包含三个波段的数据,这对于监测健康植被信息具有重要的意义。哨兵 2 号的波段设置如表 2-9 所示。

表 2-9　哨兵 2 号波段设置

Sentinel-2 波段	中心波长/微米	空间分辨率/米	波段宽度/纳米
Band 1 - coastal aerosol	0.443	60	20
Band 2 - blue	0.49	10	65
Band 3 - green	0.56	10	35
Band 4 - red	0.665	10	30
Band 5 - vegetation red edge	0.705	20	15
Band 6 - vegetation red edge	0.74	20	15
Band 7 - vegetation red edge	0.783	20	20
Band 8 - NIR	0.842	10	115
Band 8A - narrow NIR	0.865	20	20
Band 9 - water vapour	0.945	60	20
Band 10 - SWIR - cirrus	1.375	60	20
Band 11 - SWIR	1.61	20	90
Band 12 - SWIR	2.19	20	180

哨兵 3 号主要用于全球海洋及植被观测。哨兵 3 号卫星上搭载了海陆色度仪（ocean and land color instrument，OLCI）和海陆表面辐射计（sea/land surface temperature radiometer，SLSTR）两台光学仪器。OLCI为光学仪器，是一种推帚式成像光谱仪，可作为 ENVISAT 的 MERIS 传感器的延续，以保证数据的连续性，其空间分辨率为 300 米，可在 21 个光谱波段上获得数据。SLSTR 为双视图扫码温度辐射仪，空间分辨率分为 500 米和 1000 米两种，共包含 9 个波段的数据。

目前哨兵系列数据可在欧洲航天局哥白尼数据中心以及地理空间数据云进行查询和下载。

参 考 文 献

梁顺林，李小文，王锦地，等，2013. 定量遥感理念与算法[M]. 北京：科学出版社.

梅安新，彭望琭，秦其明，等，1999. 遥感导论[M]. 北京：高等教育出版社.

覃先林，等，2016. 林火卫星遥感监测[M]. 北京：中国林业出版社.

第3章 单一火场火烧迹地遥感制图

火烧迹地是指森林火灾发生所造成的过火面积范围,可以提供火灾的位置、面积、空间范围等基础信息,是进行火灾灾情监测以及灾后管理的基础数据。传统的火烧迹地主要依靠实地调查的方式获取,但该方法往往会消耗大量的人力和物力。此外,对于交通可达性较低的区域,实地调查难以执行。随着遥感技术的不断发展,为火烧迹地的提取或者制图提供了一个有效的手段。

采用卫星遥感数据进行火烧迹地的监测与制图始于20世纪80年代,早期所采用的遥感数据主要为气象卫星数据。如石宇虹等(1995)利用NOAA气象卫星数据对1987年发生于我国大兴安岭地区的特大森林火灾进行了监测,并对灾后的植被恢复情况进行了分析。易浩若等(1998)同样利用NOAA卫星数据对发生于我国内蒙古地区的森林火灾火烧迹地面积进行了测算。随着遥感技术的不断发展,传感器的类型逐渐增多,从而为火烧迹地监测与制图提供了更为丰富的数据源,包括MODIS数据、ENVISAT数据、Landsat系列数据、SPOT-VEGETA-TION数据、NPP-VIIRS数据等。基于遥感的火烧迹地信息提取与制图也逐渐替代传统的实地调查方法,成为火烧迹地制图的主要方式。

依据所采用遥感数据的时相差异,可以将火烧迹地提取方法分为单时相和多时相两种类型。所谓单时相是指只利用森林火灾发生后的一期遥感影像数据对火烧迹地进行提取和制图。火灾的发生或造成地表覆盖物的强烈变化,表现在遥感影像上即为影像光谱特征的变化。因此,可以通过光谱分类的方法对火烧迹地进行提取。如Quintano等(2006)利用单时相遥感卫星数据,采用光谱混合分析的方法对地中海地区的火烧迹地进行制图,效果良好。多时相法一般是指利用火灾发生前以及发生后的两期或者多期遥感数据,通过对比过火区的光谱特征变化来进行火烧迹地识别与提取。如廖瑶等（2021）采用多时相高分一号遥感数据，对 2019 年 2 月发生于贵州兴仁市的森林火灾火烧迹地进行了提取。单时相与多时相两种方法在火烧迹地监测中的应用均较为广泛，但多时相法既考虑了火灾发生前原有的光谱特征，也利用了火灾发生后剧烈变化的光谱特征，因而能够获得更好的提取效果。

本章选取 2017 年 5 月 2 日至 5 月 10 日发生于内蒙古大兴安岭毕拉河林业局北大河林场的特大森林火灾为案例，对比分析不同火烧迹地制图方法所带来的差异。

3.1　研究区概况

3.1.1　火灾位置

北大河林场地处大兴安岭地区东南坡，气候类型为寒温带大陆性季风气候，地处寒温带针叶林和阔叶林的过渡地带，植被类型繁多。本章选取 2017 年 5 月 2 日至 5 月 10 日发生于内蒙古大兴安岭毕拉河林业局北大河林场的特大森林火灾作为案例，此次森林火灾过火面积大，植被类型多样，对于火灾研究具有一定的代表性。

3.1.2　数据来源

数据来源分别为 10 米分辨率哨兵 2 号遥感数据、30 米分辨率 Landsat OLI 数据，时间均为 2017 年 5 月 25 日，火灾发生之后，天气晴朗，数据质量良好。由于火烧前的数据质量较差，云覆盖较多，故采用同时期的 2016 年影像予以替代。首先，以 Landsat OLI 数据为基础数据进行火烧迹地提取。其次，以空间分辨率更高的哨兵 2 号数据为基础对火烧迹地进行目视解译，并作为火烧迹地自动提取结果的验证数据。哨兵 2 号影像及火烧迹地目视解译结果如图 3-1 所示。

| 0 | 1.5 | 3 千米 |

图例
□ 目视解译火烧迹地

图 3-1　哨兵 2 号影像及火烧迹地目视解译结果

3.2　基于图像分类的火烧迹地制图

图像分类是遥感信息提取的基础手段,因而也广泛应用于火烧迹地的提取中。图像分类主要依据不同地物类型的光谱差异,以像元为基本单位,通过对像元值的统计、计算、对比、分析、归纳,将像元划分为不同类型,以达到图像分类的目的。传统的图像分类方法主要包括监督分类、非监督分类、决策树分类以及面向对象的分类等。

3.2.1　火烧迹地光谱曲线特征

不同的地物类型具有不同的光谱曲线,如植被、农田、水体等的光谱曲线均存在较大差异。森林火灾发生之后,植被遭到大量破坏,从而造成过火区植被不再具有正常植被所表现出的光谱特征,引起光谱曲线的变化。本章利用 Landsat OLI 数据进行火烧迹地提取,在对原始数据进行预处理后(包括辐射定标、大气校正等),采用目视解译的方式对研究区内的典型地物进行样本选取,每类样本的数量均在 30 个以上。选取 OLI 影像 7 个可见光波段,即海岸波段(Band1)、蓝光波段(Band2)、绿光波段(Band3)、红光波段(Band4)、近红外波段(Band5)、中红外波段 1(Band6)以及中红外波段 2(Band7)的反射率值作为变量,构建光谱曲线。求取样本内各类地物在各波段的反射率平均值,汇总得到各典型地物的光谱曲线(见图 3-2)。

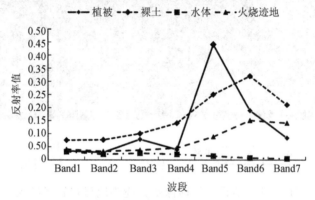

图 3-2　典型地物光谱曲线

　　火灾的发生会对火烧迹地的光谱曲线特征产生巨大的影响。火灾发生后,由于燃烧产生的炭和灰烬的积累,会导致光谱曲线趋于裸土的特征。随着时间的推移,受降雨或者风等自然因素的影响,炭与灰烬会逐渐减少,从而降低它对火烧迹地光谱特征的影响。一般来说,在火灾发生几周或者几个月之后,炭与灰烬的影响就可能被消除了。此外,由燃烧所导致的植被结构和数量的变化也会引起光谱曲线特征的巨变。

　　由图 3-2 可以看出,对比植被的光谱曲线,火烧迹地在海岸波段(Band1)、蓝光波段(Band2)、红光波段(Band4)以及中红外波段 2(Band7)表现出上升的趋势,其中海岸波段、蓝光波段和红光波段变化幅度较小,而中红外波段 2 变化幅度较大。其原因主要在于火灾导致的植被湿度的减少。此外,在绿光波段(Band3)、近红外波段(Band5)以及中红外波段 1(Band6)表现出下降的趋势,其中绿光波段和中红外波段 1 下降幅度较小,近红外波段下降幅度巨大。这是由于植被叶片中的多孔薄壁细胞组织(海面组织)对近红外光区强烈的反射,使得植被在近红外光区具有较高的反射率。而由于火灾的发生以及植被的破坏,致使火烧迹地无法具有此特征,从而导致近红外波段反射率的迅速下降。整体来看,火烧迹地的光谱曲线特征已经与正常植被的光谱曲线特征完全不同,其曲线形态更接近裸土的特征,但整体反射率值较裸土偏低。

3.2.2　监督分类

监督分类是指利用已知类别的样本像元建立判别函数去识别未知类型像元的过程,即包括利用训练区(或训练样本)建立判别函数的"学习"过程以及将待分像元代入判别函数进行识别的过程。在这种分类方法下,首先需要针对每种划分类型,在影像上选取一定数量的像元作为样本,计算机通过对每种类型样本进行数理统计分析,得出该样本的特征。然后通过该特征与每个像元做对比,按照不同的规则或者相似程度,最终将其划分到相应的类别中去。根据判别规则的不同,可以将分类方法划分为最小距离分类、最大似然比分类(maximum likelihood calssification,MLC)、人工神经网络(artificial neural network,ANN)、支持向量机(support vector machine,SVM)以及基于波谱角(spectral angle mapper,SAM)的分类方法等,各分类方法在火烧迹地遥感提取中均有应用。如 Henry 等(2008)分别采用最大似然比分类以及分类回归树法(classification and regression tree)对佛罗里达州的火烧迹地进行了提取,并对两种方法的提取结果进行了比较,结果显示最大似然比分类具有更高的精度。Oliva 等(2007)基于 ENVISAT-MERIS 数据,采用光谱角分类的方法进行了火烧迹地制图,取得了较好的效果。Petro-poulos 等(2010)对比分析了波谱角以及人工神经网络两种方法在火烧迹地提取中的差异,结果表明 ANN 的整体精度达到 90.29%,Kappa 系数为 0.878,而 SAM 分类的整体精度为 83.82%,Kappa 系数为 0.795,ANN 的分类效果更好。Anggraeni 等(2011)以南苏门答腊为研究区,对比分析了 SAM 以及 SVM 两种方法在火烧迹地提取中的效果,结果表明 SVM 的精度为 0.975,而 SAM 的精度为 0.835。

基于以上分析,本章采用 SAM 的方法进行监督分类。波谱角,也被称为光谱角,其含义是将两条光谱曲线视作二维空间的向量,两者之间的相似程度可以通过计算它们的广义夹角来进行表征,夹角越小,相似程度越大。其原理是将像元的光谱(多波段像素值)作为矢量投影到 N 维的空间上,其中 N 指代所选取的波段数。在 N 维的空间中,不同光谱曲线可以被看作有长度且具有一定方向的矢量,而光谱之间形成的夹角即为光谱角。

假设存在两条光谱曲线 x 和 y,其长度为 n,且 $x=(x_1,x_2,x_3,\cdots,x_n)$,$y=(y_1,y_2,y_3,\cdots,y_n)$。那么,对于光谱曲线 x 和 y,其光谱角可以表示为

$$SA(x,y) = \arccos\left[\frac{\sum\limits_{i=1}^{n} x_i \times y_i}{\sqrt{\sum\limits_{i=1}^{n} x_i^2} \times \sqrt{\sum\limits_{i=1}^{n} y_i^2}}\right] \tag{3-1}$$

式中,SA 代表光谱角,其值越小,余弦值越接近 1,即两光谱曲线越相似。

基于光谱角的制图方法,从向量夹角的角度去比较光谱在形状特征上的相似性,可以充分利用遥感图像的多维光谱纤细性,进而从光谱曲线的相似性来判定不同遥感影像中的像元类别,具有较好的分类效果。

从分类过程来看,监督分类主要具有以下优点:①依据具体的应用目标以及区域的不同,可以主观确定分类类别,避免不必要类别的出现;②合理进行训练样本的选择,样本的选择要具有代表性,同时要考虑地物的光谱特征,以及样本的数量是否能够满足分类的要求。同时,监督分类也具有一定的缺点,主要表现在:①人为主观影响较大,分类类别的确定、训练样本的选择均为主观的过程;②训练样本的选择较难,特别是遥感影像的空间分辨率、同类地物之间的光谱差异性以及不同地物间的光谱相似性,都加大了样本的选择难度。此外,如何合理地对所选择样本的准确性进行评价,也需要花费较多的时间和人力。

3.2.3　非监督分类

所谓非监督分类是指在没有先验类别(训练样本)的前提下,即地物类别特征未知的条件下,以像元间的相似度大小为依据进行归类合并,将相似度大的像元归为一类,将相似度小的像元区分开的过程,也称为聚类分析或者点群分析。非监督分类的前提是假定在遥感影像上同类地物在相同条件下具有相同或者相近的光谱特征。其分类过程为计算机按照一定的规则或标准,依据像元光谱或者空间等特征自动组成集群组,然后分析者将各集群组与参考数据进行比较,最终确定每组的类别。也就是说,非监督分类在分类时不需要获取不同地物在影像上的先验知识,仅依靠影像上地物间的光谱信息差异进行特征提取,再统计特征的差别以达到分类的目的。之后,需要对各个类别的实际属性进行确认。非监督分类常用的方法包括迭代自组织数据分析技术(iterative self orgnizing data analysis,ISODATA)、链状方法、K-mean 法等。Matci (2020)利用非监督分类的方法对发生于土耳其和雅典部分区域的森林火灾火烧迹地进行了提取,取得了较好的效果。Cassidy(2007)在对湿地的火烧迹地提取中应用了 ISODATA 的非监督分类法,为其最终的火烧迹地提取提供了基础。本章选取基于 ISODATA 的非监督分类方法进行火烧迹地提取。

ISODATA 是非监督分类的一种常用算法,该方法通过对原始遥感影像给出一个初始假定聚类,采用迭代运算的方法对该初始聚类进行反复运算,并在运算过程中对类别进行反复调整和修改。随着迭代次数(即重复运算)的增加,聚类的正确率逐渐提高。ISODATA 能自动地实现类别的"分类"与"合并",从而获取较优的聚类结果,其分类过程如下:

(1)获取地物类别特征;

(2)输入迭代运算的相关参数,如最大迭代次数 M,方差 D,阈值 T,类别中心数据 C;

(3)任选 X 个样本作为初始聚类中心;

(4)求算各像元到所有聚类中心的距离,并按照距离远近将其归入最近的类别；

(5)依据样本聚类情况,重新计算每类样本的聚类中心；

(6)计算各个样本到新聚类中心的距离,并计算平均距离；

(7)依据平均距离,计算影像中的总平均距离；

(8)按照特定条件,判断是否需要合并、分裂或者迭代运算等过程。其中,合并指先计算所有聚类中心的距离。如 t_i,t_j($t_i < t_j$)距离最近,设最小距离为 t_d,如 $t_d <$ 阈值 T,则将 t_j 类合并入 t_i 类,并重新计算合并后的新中心；当初次聚类某类样本像元数太多,或者初次聚类类别总数太少时,进行分裂过程；满足特定条件后,迭代运算结束,否则从步骤(4)开始重新运算。

对于基于 ISODATA 的非监督分类方法来讲,如何合理地确定最优迭代次数是一大难点。若迭代次数太少,分类过程简化,会造成分类效果较差,分类精度较低；若迭代次数太多,由于遥感图像数据量较大,则会造成运算速度减慢,效率较低。

与监督分类相比,非监督分类的优势在于：①不需要具有待分类区域的先验知识,分类过程由计算机依据光谱特征进行；②主观因素的影响较小；③分类方法简单且具有一定精度。其缺点主要在于分类过程对于光谱特征的依赖性较大,部分光谱特征相似的地物无法区分,典型的如水体和阴影。此外,由于未提供样本,最终的分类结果可能与想要获取的类别不对应,且难以对产生的类别进行人为调整。

3.2.4　精度验证方式

1.混淆矩阵

混淆矩阵也称为误差矩阵,是用于遥感图像分类精度评价的一种标准方法,具体评价指标包括总体精度、制图精度、用户精度、Kappa 系数等,这些评价指标从不同侧面表征图像分类的精度。各评价指标的含义如下：

总体精度等于被正确分类的像元总和除以总像元数。被正确分类的像元数目沿着混淆矩阵的对角线分布,总像元数等于所有真实参考源的像元总数。

制图精度是指分类器将整个影像的像元正确分为 A 类的像元数与 A 类型地物真实参考总数的比率。

用户精度是指被正确分到 A 类的像元总数与分类结果中 A 类像元的总数之比。

Kappa 系数是一种衡量分类精度的指标。它是通过把所有地表真实分类中的像元总数(N)乘以混淆矩阵对角线(X_{kk})的和,再减去某一类地表真实像元总数与该类中被分类像元总数之积对所有类别求和的结果,再除以总像元数的平方减去某一类地表真实像元总数与该类中被分类像元总数之积对所有类别求和的结果所得到的。其计算方式如下:

$$K = \frac{p_0 - p_e}{1 - p_e} \qquad (3-2)$$

$$p_e = \frac{a_1 \times b_1 + a_2 \times b_2 + \cdots + a_n \times b_n}{n \times n} \qquad (3-3)$$

式中,K 代表 Kappa 系数;p_0 代表每一类正确分类的样本数量之和除以总样本数,也就是总体分类精度;$a_1, \cdots, a_n$ 为真实样本数;$b_1, \cdots, b_n$ 为分类结果中每类样本的个数。

2. 基于目视解译结果的验证

以目视解译结果(见图 3-1)所获取的火烧迹地面积为标准,对两种分类方式下提取的火烧迹地精度进行精度评价,其计算公式如下:

$$提取精度 = (提取面积 / 目视解译面积) \times 100\% \qquad (3-4)$$

3.2.5　提取结果对比

本章分别采用基于光谱角的监督分类方法以及基于 ISODATA 的非监督分类方法,对毕拉河特大森林火灾火烧迹地进行提取。按照火场及周围的地物类型情况,将其划分为火烧迹地、正常植被、裸地以及水体 4 类,如图 3-3 及图 3-4 所示。

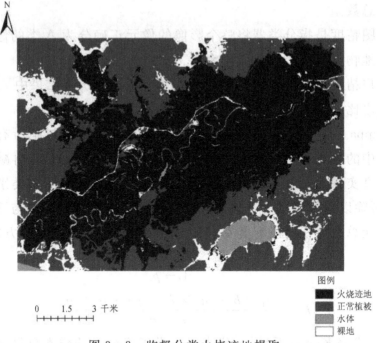

图例
■ 火烧迹地
■ 正常植被
■ 水体
□ 裸地

0　1.5　3 千米

图 3-3　监督分类火烧迹地提取

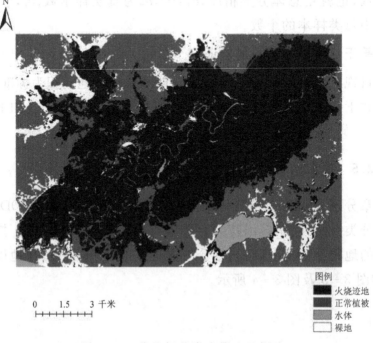

图例
■ 火烧迹地
■ 正常植被
■ 水体
□ 裸地

0　1.5　3 千米

图 3-4　非监督分类火烧迹地提取

利用选择感兴趣区样本的方式对以上两种方法提取的火烧迹地结果进行定量评价。通过建立混淆矩阵的方法分别计算每种结果的制图精度、用户精度、总体精度以及 Kappa 系数等统计量,结果见表 3-1。由表 3-1 可以看出,监督分类的总体精度达到 94.58%,Kappa 系数为0.92。非监督分类的结果显示,其总体精度为 89.57%,Kappa 系数为0.86。可见,监督分类的效果更优。从制图精度及用户精度来看,正常植被的分类精度最高,不论是监督分类还是非监督分类,两种精度均在97% 以上,其主要原因在于正常植被具有非常典型的光谱特征,易于与水体、裸地等类型进行区分。水体分类精度也较高,监督分类下制图精度、用户精度分别达到 97.52% 以及 95.71%,而在非监督分类的方式下分别达到 96.87% 以及 86.25%。水体的反射率整体偏低,而严重过火区也会造成反射率的显著降低,从而导致与水体类似的光谱特征分类时容易混淆。监督分类下裸地的制图精度及用户精度分别为 87.84% 和86.21%,而非监督分类下裸地的制图精度及用户精度分别为 82.64% 及 90.89%,两者相比较,监督分类下的制图精度较高,而非监督分类下的用户精度更高。对于火烧迹地,监督分类的制图精度及用户精度分别为 89.19% 和 85.66%,非监督分类的制图精度及用户精度分别为86.94% 和 82.12%,两相比较,监督分类的精度更高。火烧迹地的光谱特征也较为明显,较为明显的混淆因素主要来源于裸地中的部分暗像元以及某些燃烧较为强烈的区域,其过火后的特征接近水体的特征。

表 3-1　火烧迹地提取结果精度对比

分类方法	地物类型	制图精度/%	用户精度/%	总体精度/%	Kappa系数
监督分类	火烧迹地	89.19	85.66	94.58	0.92
	正常植被	97.85	97.90		
	裸地	87.84	86.21		
	水体	97.52	95.71		

分类方法	地物类型	制图精度/%	用户精度/%	总体精度/%	Kappa系数
非监督分类	火烧迹地	86.94	82.12	89.57	0.86
	正常植被	97.50	97.85		
	裸地	82.64	90.89		
	水体	96.87	86.25		

从面积对比来看,目视解译所提取的火烧迹地面积为 9976.44 公顷,监督分类所提取的火烧迹地面积为 9884.88 公顷,非监督分类提取的火烧迹地面积为 9617.31 公顷。按照基于面积的精度计算方法,监督分类的提取精度为 99.08%,非监督分类的提取精度为 96.40%,可见,监督分类的精度较高。

3.3 基于光谱指数的火烧迹地制图

遥感光谱指数是将传感器所获取的地物光谱数据通过一定的数学方法进行处理,以反映地物某种状况的特征量,如植被指数(反映植被特征)、水体指数(反映水体特征)、建筑指数(反映人工建筑特征)、雪指数等。由于森林火灾发生前后带来的主要特征表现为植被的显著变化,导致火烧迹地与正常植被以及其他地物之间存在较大的光谱差异,从而可使它们得到区分。因此,植被指数成为基于遥感进行火烧迹地提取的常用方法。植被指数主要体现植被在可见光、近红外波段反射特征与其他地物的差异。火烧迹地提取中常用的植被指数有归一化植被指数(normalized difference vegetation index,NDVI)、全球环境监测指数(global environment monitoring index,GEMI)、增强型植被指数(enhanced vegetation index,EVI)以及土壤调整植被指数(soil-adjusted vegetation index,SAVI)等。NDVI 是最为常用的一种植被指数,广泛应用于植被监测的各个领域。一般情况下,火灾发生造成植被的明显破坏,NDVI

指数呈现显著降低的特征。但也有研究显示,虽然 NDVI 能够很好地对植被覆盖特征进行描述,但在植被覆盖度较高的区域(如茂密的林区),NDVI 容易饱和从而导致灵敏度降低。GEMI 为非线性的植被指数,这种计算方式下能够最大限度地减小大气和土壤背景的影响,且被证明比NDVI 具有更高的敏感性。EVI 在植被指数常用波段的基础上,增加了蓝光波段,以达到增强植被信号、消除土壤背景影响以及减弱气溶胶散射影响的目的,对于植被茂密区具有较好的效果。SAVI 为土壤校正植被指数,在计算过程中加入了一个土壤条件系数,该系数与植被覆盖度有关,用以减小植被指数对于土壤背景的敏感性,主要用于植被稀疏区,土壤背景对植被指数计算影响较大的条件下。

此外,由于遥感技术在森林火灾以及火烧迹地研究中的广泛应用,也出现了专门针对过火区的光谱指数,如燃烧面积指数(burned area index,BAI)、归一化燃烧效率(normalized burn ratio,NBR)、中红外双频指数(mid-infraRed bispectral index,MIRBI)、土壤烧焦指数(char soil index,CSI)等。其中,最常用的为 BAI 与 NBR。BAI 由 Chuvieco 等(2008)针对火烧迹地而设计,在计算过程中加入了参考光谱值,用以反映火烧区的木炭、灰烬等的光谱特征。NBR 以 NDVI 为模板,由于火烧后短波红外波段更为敏感,因此在计算时将原有的红光波段替换为短波红外波段,用以体现火烧后的光谱特征。

植被指数以及火指数的构建为火烧迹地信息提取提供了基本的参数,大量的研究采用植被指数、火指数以及两者结合进行火烧迹地信息提取。Cuevas-Gonzalezm 等(2009)利用 MODIS NDVI 时间序列数据,对 1992—2003 年西伯利亚地区的火烧迹地进行了提取。Chuvieco 等(2008)基于 NOAA-AVHRR 数据,利用 GEMI 和 BAI 对北方森林地区的火烧迹地进行了提取。Mazuelas 等(2012)利用 NBR、BAI 及 NDVI 对西班牙加利西亚地区的火烧迹地进行了制图,结果表明,由于火灾的发生,导致地表植被的大量死亡,在光谱特征上表现为近红外波段反射率值降低,而短波红外波段反射率值增加,NBR 能够更好地提取火烧迹地。相似的结论也出现在 Garcia 等（2004）的研究中，他们认为燃烧导致的植被损失会带来短波红外波段的显著升高，因而加入短波红外的光谱指数更有利于火烧迹地的提取。Carriello 等（2007）采用 Landsat ETM＋数据来提取火烧迹地，并分析了不同波段反射率在火灾发生前后的变化，最后认为 BAI 能够显著地体现火烧迹地的信息，分离性较好。朱曦等（2013）利用环境减灾小卫星（HJ-CCD）多光谱数据，对 2011 年发生于阳泉市的一场森林火灾的火烧迹地进行了提取，并分别使用了 BAI、NDVI、GEMI 和 EVI 四种光谱指数，研究结果表明，BAI 与 GEMI 对于提取火烧迹地具有较高的分离能力。吴立叶等（2014）基于 Landsat TM 数据，以江西省武宁县发生的森林火灾为对象，对 NBR、EVI、BAI、NSTV1、NDSWIR 等 18 种光谱指数对火烧迹地的识别能力进行了比较，并认为适当引入热红外波段可以改进光谱指数对于火烧迹地的识别能力。

　　基于光谱指数的火烧迹地遥感提取方法，其过程主要为：首先需要选取适合的具有较大分离性的光谱指数，然后对该指数或者多种指数设定一个固定或动态的阈值来进行火烧迹地识别。其难点在于如何精确地设定阈值。由于遥感数据本身的不确定性，不同的遥感数据、成像时间的差异、不同的区域范围以及不同的地物类型都会对阈值的设定产生影响。此外，也有研究通过计算火烧迹地与其他地表类型（如水体、正常植被、裸地等）的分离度来进行火烧迹地提取。

3.3.1　光谱指数计算

　　基于上述论述，本书选择四种植被指数（NDVI、GEMI、EVI 和 SAVI）以及两种火指数（NBR 和 BAI）来进行火烧迹地提取，并对各指数的提取能力进行比较。各光谱指数的计算方式如下：

$$\text{NDVI} = \frac{\rho_{\text{NIR}} - \rho_{\text{RED}}}{\rho_{\text{NIR}} + \rho_{\text{RED}}} \tag{3-5}$$

$$\text{EVI} = 2.5 \times \frac{\rho_{\text{NIR}} - \rho_{\text{RED}}}{\rho_{\text{NIR}} + 6\rho_{\text{RED}} - 7.5\rho_{\text{BLUE}} + 1} \tag{3-6}$$

$$GEMI = \eta(1 - 0.25\eta) - \frac{\rho_{RED} - 0.125}{1 - \rho_{RED}} \qquad (3-7)$$

$$\eta = \frac{2(\rho_{NIR}^2 - \rho_{RED}^2) + 1.5\rho_{NIR} + 0.5\rho_{RED}}{\rho_{NIR} + \rho_{RED} + 0.5} \qquad (3-8)$$

$$SAVI = \frac{(1+L)(\rho_{NIR} - \rho_{RED})}{\rho_{NIR} + \rho_{RED} + L}, L = 0.5 \qquad (3-9)$$

$$BAI = \frac{1}{(\rho_{RED} - 0.1)^2 + (\rho_{NIR} - 0.06)^2} \qquad (3-10)$$

$$NBR = \frac{\rho_{NIR} - \rho_{SWIR}}{\rho_{NIR} + \rho_{SWIR}} \qquad (3-11)$$

上述公式中，ρ_{NIR}、ρ_{RED}、ρ_{BLUE} 和 ρ_{SWIR} 分别代表 Landsat OLI 图像的近红外波段、红光波段、蓝光波段以及短波红外波段 2。

本书分别针对不同地物样本，计算、提取六种光谱指数并求取其平均值，用以对比分析不同光谱指数对火烧迹地及其他地物的区分度。

3.3.2 区分度计算

本书采用分离指数来衡量火烧迹地与其他地物类型的区分度。所谓分离指数是指火烧迹地与其他地物类型的分离性。分离指数被广泛用于光谱指数的分离性评价中，其计算公式如下：

$$M = \frac{|\mu_B - \mu_{\mu B}|}{\sigma_B + \sigma_{\mu B}} \qquad (3-12)$$

式中，μ_B 和 σ_B 分别表示火烧迹地像元的样本均值及其标准差；$\mu_{\mu B}$ 和 $\sigma_{\mu B}$ 分别代表其他地物类型像元的样本均值和标准差；M 为分离指数，其值越大，表示分离性越好。当 $M \geqslant 1$ 时，表示分离性良好；当 $M < 1$ 时，表示分离性较差。

3.3.3 技术流程

分析评价 NDVI、EVI、GEMI、SAVI、NBR 和 BAI 六种典型光谱指数对于提取火烧迹地的能力的技术流程如图 3-5 所示。

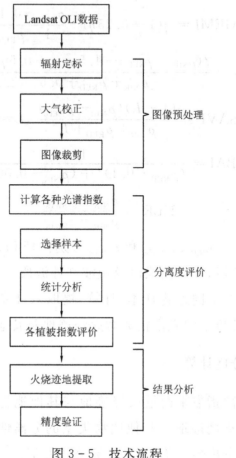

图 3 - 5　技术流程

3.3.4　结果分析与比较

1. 火烧迹地与其他地物类型植被指数比较

基于 Landsat OLI 数据,以毕拉河特大森林火灾为典型案例,对火场及其周边各光谱指数进行计算,结果如图 3 - 6 所示。由图 3 - 6 可以看出,火烧范围内 BAI 呈现显著的增加趋势,而其他光谱指数均呈现下降趋势。

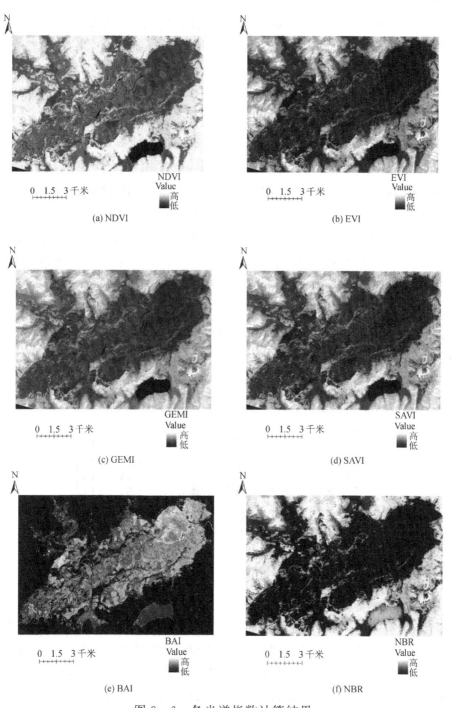

(a) NDVI

(b) EVI

(c) GEMI

(d) SAVI

(e) BAI

(f) NBR

图 3-6　各光谱指数计算结果

　　分别针对火烧迹地、正常植被、裸地以及水体四种地物类型选择一定数量的样本,对样本内的各光谱指数均值进行统计,结果如图 3－7 所示。跟其他光谱指数相比,BAI 的值范围跨度较大(计算结果为 4.71～300),不在同一个数量级。因此,要对 BAI 进行归一化处理,使其取值范围在 0 至 1 之间。

　　由图 3－7 可以看出,对于 NDVI 来说,四种地物的光谱指数均值排序为正常植被＞火烧迹地＞裸地＞水体,正常植被的均值最高,而水体的均值最低。对于 EVI、GEMI 以及 SAVI 来说,四种地物的光谱指数均值排序为正常植被＞裸地 ＞火烧迹地＞水体,同样表现为正常植被的均值最高,而水体的均值最低。不过,EVI、GEMI、SAVI 较之 NDVI,火烧迹地和裸地均值排序有所差异。对于 BAI 来讲,四种地物的光谱指数均值排序为火烧迹地＞水体＞裸地＞正常植被,火烧迹地的均值最高,而裸地的均值最低。对于 NBR 来讲,四种地物的光谱指数均值排序为正常植被＞水体＞裸地＞火烧迹地,正常植被的均值最高,而火烧迹地的均值最低。

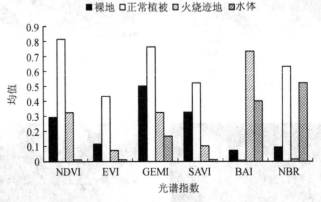

图 3－7　典型地物光谱指数均值

　　从各类型地物的差异来看,对于 NDVI,正常植被的均值较高,水体的均值较低,均容易与火烧迹地进行区分,但裸地的 NDVI 均值与火烧迹地接近,可能不易区分。EVI 表现出与 NDVI 类似的特性,即裸地与火烧迹地的差异较小,不易区分。对于 GEMI,各地类的均值依次递减,均存在一定程度的差异,各地类可以区分。SAVI 与 GEMI 表现出类似的特征。对于 BAI,火烧迹地的均值显著高于其他地类均值,易于区分。对于 NBR,火烧迹地的均值显著低于正常植被与水体,易于区分,但却与裸地接近,不易区分。

2. 火烧迹地与其他地物类型分离指数比较

从火烧迹地与其他地物类型的分离指数来看(见图 3 - 8),NDVI 与 EVI 效果较差,两种光谱指数下,火烧迹地与正常植被及水体均表现出较高的可分离性,但对于裸地的可分离性较差,分离指数均小于 1,分别为 0.26 以及 0.87,不易区分。其他四种光谱指数下,火烧迹地与其余三种地表类型的分离指数均大于 1,可分离性较好。从不同地表类型来看,对于火烧迹地与裸地,分离指数大小顺序表现为 SAVI＞BAI＞GEMI＞NBR＞EVI＞NDVI,SAVI 的可分离性最好,而 NDVI 的可分离性最差。从火烧迹地与正常植被的区分度来看,分离指数的大小顺序为 NBR＞NDVI＞SAVI＞EVI＞GEMI＞BAI,NBR 的分离指数最高,BAI 的分离指数最低,但 BAI 的分离指数也达到了 3.52,远大于 1,分离度较好。可以看出,不论对于哪种光谱指数,火烧迹地与正常植被均较易区分。从火烧迹地与水体的可分离度来看,表现为 NBR＞NDVI＞GEMI＞EVI＞SAVI＞BAI,NBR 的分离指数最高,BAI 的分离指数最低,但 BAI 的分离指数也达到了 1.74,大于 1,分离度较好。

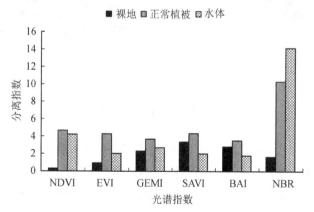

图 3 - 8　火烧迹地与其他地物类型分离指数

3. 分类结果精度验证

依据如上分析,由于 NDVI 以及 EVI 存在部分分离指数较低的情况,因而本书采用其他四种光谱指数进行火烧迹地提取,结果如图 3-9 所示。

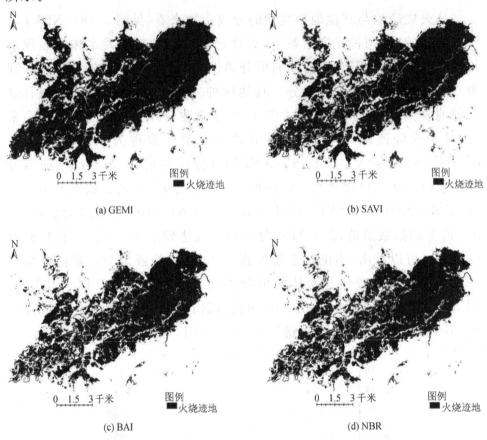

(a) GEMI

(b) SAVI

(c) BAI

(d) NBR

图 3-9 各光谱指数火烧迹地提取

采用混淆矩阵的方式对各光谱指数提取的火烧迹地进行验证,结果见表 3-2。由表 3-2 可以看出,BAI 的分类效果最好,总体精度到 95.81%,Kappa 系数达到 0.89;NBR 的分类效果最差,总体精度为 91.35%,Kappa 系数为 0.77。从制图精度来看,GEMI 的精度最高,达到 89.91%。从用户精度来看,BAI 的精度最高,达到 91.80%。

表 3 - 2　基于光谱指数提取的火烧迹地精度验证混淆矩阵

光谱指数	制图精度/%	用户精度/%	总体精度/%	Kappa系数	火烧迹地面积/公顷
GEMI	89.91	86.13	93.09	0.82	9887.32
SAVI	84.81	82.30	92.23	0.79	8690.23
BAI	86.33	91.80	95.81	0.89	7767.46
NBR	87.36	80.13	91.35	0.77	9178.66

同时,对各光谱指数下提取的火烧迹地面积进行统计,对比目视解译的火烧迹地面积 9976.44 公顷,可以看出,基于 GEMI 提取的火烧迹地面积最为接近,面积为 9887.32 公顷,精度为 99.11%。其次为基于 NBR 提取的火烧迹地,面积为 9178.66 公顷,精度为 92.00%。接下来为基于 SAVI 提取的火烧迹地,面积为 8690.23 公顷,精度为 87.11%。基于 BAI 提取的火烧迹地面积最小,为 7767.46 公顷,精度为 77.86%。综合来看,基于 GEMI 的火烧迹地提取效果最好。

火烧迹地是森林火灾相关研究的基础数据,较之传统的火烧迹地制图方法,基于遥感的手段具有便捷、省时的优势。但同时也应注意到,不同的遥感提取方法对最终的火烧迹地提取结果存在很大的影响。本章以毕拉河特大森林火灾为典型案例,对传统的图像分类方法,即监督分类与非监督分类在火烧迹地提取中的应用进行了对比分析,结果表明,监督分类具有更高的分类精度。之后,对比分析了六种遥感光谱指数在火烧迹地提取中的应用,综合分析显示,光谱指数 GEMI 具有更好的提取效果。

参 考 文 献

陈谓民,1989.气象卫星学[M].北京:气象出版社.

廖瑶,李雪,刘芸,等,2021.基于植被指数的高分一号遥感影像火烧迹地提取评价[J].自然灾害学报,30(05):199 - 206.

石宇虹,张菁,朴瀛,等,1995.NOAA AVHRR 遥感信息在火灾监测中的应用[J]. 辽宁气象（1）：32－35.

孙艳丽，张霞，帅通，等，2015.光谱角—欧氏距离的高光谱图像辐射归一化[J].遥感学报，19（04）：618－626.

覃先林，等，2016.林火卫星遥感监测[M]. 北京：中国林业出版社.

吴立叶，沈润平，李鑫慧，等，2014.不同遥感指数提取林火迹地研究[J].遥感技术与应用，29（04）：567－574.

谢熠康，徐洋洋，2020.监督非监督分类器比较研究[J].地理空间信息，18（08）：7,63－65,68.

易浩若，纪平，1998. 森林过火面积的遥感测算方法[J]. 遥感技术与应用，13（2）：10－14.

占燕婷，吴柯，徐宏根，等，2021.联合光谱角与组合特征参数的高光谱影像分类[J].遥感信息，36（06）：140－146.

朱曦，覃先林，2013.基于二阶段算法的 HJ-CCD 数据过火区制图[J].遥感技术与应用，28（01）：72－77.

ANGGRAENI A，LIN C，2011. Application of SAM and SVM techniques to burned area detection for landsat TM images in forests of South sumatra[C]//2nd International Conference on Environmental Science and Technology.

CAI H Y，ZHANG S W，BU K，et al，2011. Integrating geographical data and phenological characteristics derived from MODIS data for improving land cover mapping[J]. Journal of Geographical Sciences，21（4）：705－718.

CASSIDY L，2007. Mapping the annual area burned in the wetlands of the Okavango panhandle using a hierarchical classification approach[J]. Wetlands Ecology and Management，15（4）：253－268.

CHUVIECO E，ENGLEFIELD P，TRISHCHENKO A P，et al，2008. Generation of long time series of burn area maps of the boreal forest from NOAA-AVHRR composite data[J]. Remote Sensing of Environment，112（5）：2381－2396.

CUEVAS-GONZALEZ M，GERARD F，BALZTER H，et al，2009.

Analysing forest recovery after wildfire disturbance in boreal Siberia using remotely sensed vegetation indices[J]. Global Change Biology, 15(3): 561 – 577.

GARCIA M, CHUVIECO E, 2004. Assessment of the potential of SAC-C/MMRS imagery for mapping burned areas in Spain [J]. Remote Sensing of Environment, 92(3): 414 – 423.

HENRY M C, 2008. Comparison of single-and multi-date Landsat data for mapping wildfire scars in Ocala National Forest, Florida[J]. Photogrammetric Engineering & Remote Sensing, 74(7): 881 – 891.

KÜÇÜK M D, AVDAN U, 2020. Comparative analysis of unsupervised classification methods for mapping burned forest areas[J]. Arabian Journal of Geosciences, 13(15): 1 – 13.

MAZUELAS B P, FERNÁNDEZ T A, 2012. Landsat and MODIS Images for Burned Areas Mapping in Galicia, Spain[Z].

OLIVA P, MARTÍN P, 2007. Mapping burned area by using Spectral Angle Mapper in MERIS images [J]. Towards an operational use remote sensing in forest fire management(15): 177.

PETROPOULOS G P, VADREVU K P, XANTHOPOULOS G, et al, 2010. A comparison of spectral angle mapper and artificial neural network classifiers combined with Landsat TM imagery analysis for obtaining burnt area mapping[J]. Sensors, 10(3): 1967 – 1985.

QUINTANO C, FERNÁNDEZ-MANSO A, FERNÁNDEZ-MANSO O, et al, 2006. Mapping burned areas in Mediterranean countries using spectral mixture analysis from a uni-temporal perspective[J]. International Journal of Remote Sensing, 27(4): 645 – 662.

第 4 章　区域火烧迹地遥感提取

　　火烧迹地是研究森林火灾最重要的信息之一，可以理解为发生火灾后植被尚未恢复的区域，它能够提供森林火灾的发生时间、位置、面积以及空间分布等重要信息(Ruiz et al.，2014)。火烧迹地是火灾形成机制的重要研究对象，同时也是森林资源保护、植被恢复、林火碳排放等研究的重要参数(Chuvieco et al.，2018)。上一章在已知火灾发生的前提下，对采用遥感方式提取火烧迹地的不同方法进行了比较。但单一火场的火烧迹地能够提供的信息有限，仅是对某一场火灾发生后的火烧迹地进行提取。开展一定区域范围内、长时间序列的火烧迹地遥感提取，对于区域或者大尺度下的森林火灾相关研究具有重要的意义。

　　卫星遥感是开展区域或者全球范围内火烧迹地监测的有效手段，诸多的研究机构，包括中国科学院、欧洲航天局、美国航空航天局等均开发了相应的火烧迹地数据产品，以满足国家对生态保护的要求，以及对全球碳循环、气候变化等研究的需求。因此，开展区域或者大尺度下长时间序列高精度火烧迹地信息提取的相关实践研究尤为重要(武晋雯 等，2020)。但同时也应看到，由于遥感数据自身时空分辨率的差异，以及地表过程的复杂性，实现长时间序列高精度火烧迹地信息的提取一直是相关研究领域亟待攻克的技术难题。

　　从所使用的遥感数据来看，由于事先未知火灾发生的时间、地点等信息，需要以遥感数据为基础进行火灾的判定，因而对遥感数据时间分辨率的要求相对较高。目前来看，遥感数据应用最多的早期为 AVHRR 数据，后期为 MODIS 数据(尤慧 等，2013)。前者由于发射时间较早，时间序列较长而被使用。但研究表明，用 NOAA-AVHRR 数据提取火烧迹地信息存在一定的潜在误差，误差主要来源于辐射的不稳定性、云污染以及辐射传输问题等方面。较之 AVHRR 数据，MODIS 数据在这些方面都得到了很大的改善,但其局限在于数据仅从 2000 年开始。

本章研究的目的在于提出一种基于 MODIS 时序数据的火烧迹地提取方法。在前期的研究中,杨伟等(2015)提出了一种综合考虑火灾发生时的热学特性以及火灾发生前后的光谱特征变化的方法,以进行火烧迹地提取。采用温度异常进行限定,虽然能够提高火灾的识别精度,但是,由于卫星过境时间的限制,也会带来很大程度的漏判误差。因此,本章的算法针对杨伟等(2015)之前提出的方法进行了改进,主要利用火灾发生前后植被状态的显著变化来进行火烧迹地提取,以最大限度地避免漏判误差。

4.1　研　究　区　概　况

本章选择黑龙江省作为基于遥感的区域火烧迹地提取的研究区。黑龙江省位于我国最北端,经纬度范围为东经 121°11′至 135°05′,北纬 43°26′至 53°33′,东西跨 14 个经度,南北跨 10 个纬度,全省土地总面积约 47.3 万平方千米(含加格达奇和松岭区)。黑龙江北部和东部与俄罗斯相邻,是亚洲与太平洋地区陆路通往俄罗斯远东地区和欧洲大陆的重要通道,西部与南部分别与内蒙古自治区和吉林省相邻。

4.1.1　地形地貌

黑龙江省地势大致呈西北、北部和东南部高,东北和西南部低的特征,主要由山地、台地、平原和水面构成。其中,西北部为东北—西南走向的大兴安岭山地,北部为西北—东南走向的小兴安岭山地。黑龙江省山地海拔大多为 300～1000 米,台地海拔约 200～350 米,平原海拔为 50～200 米。

4.1.2　气候特征

黑龙江省属寒温带与温带大陆性季风气候。全省从南向北,依温度指标可分为中温带和寒温带。从东向西,依干燥度指标可划分为湿润区、半湿润区和半干旱区。全省气候主要表现为春季低温干旱,夏季温热多雨,秋季易涝早霜,冬季寒冷漫长,无霜期短,气候地域性差异大。黑龙江省的降水表现出明显的季风性特征。夏季受东南季风的影响,降水充沛,冬季在干冷西北风控制下,干燥少雨。全省年降水量多介于400 mm 至 650 mm 之间。

4.1.3　林业资源

大兴安岭、小兴安岭、张广才岭以及老爷岭等纵横起伏的山岭地区,构成了黑龙江省以山林为主的自然景观,林地面积占全省面积近一半。黑龙江省是我国最大的林业省份,其中天然林资源主要分布在大、小兴安岭以及完达山。黑龙江全省森林覆盖率达 46.14%,森林面积 2097.7万公顷,活立木总蓄积量达 18.29 亿立方米(王爽,2018)。省内森林面积、森林总蓄积量以及木材产量均居全国前列,是国家最重要的国有林区和最大的木材生产基地。同时,较高的植被覆盖度以及特有的气候条件使得黑龙江省成为受森林火灾影响最为严重的区域之一。

4.1.4　林火环境及其特征

黑龙江省不同区域的气候、地形及植被等条件差异悬殊。降水量从东到西递减,东部年降水量高达 600 mm,而西部仅为 300 mm 左右。年平均温度在南部为 2~4 ℃,北部降到 −4~2 ℃,≥10 ℃的年积温在南部达 2400~3300 ℃,在北部仅为 1600~2000 ℃。虽然气候条件差异很大,但春(3—6月)、秋(9—11月)两季高温、干旱以及大风是该区共同的火灾气候特征。因此,火灾主要发生于春、秋两季。人为火是主要火源,雷击火多发生在大、小兴安岭北部。春季火灾从南部开始,逐渐向北推移;秋季则从北部开始,逐渐向南推进。适宜的气候条件加之高的植被覆盖,使得该区成为森林火灾的高发区域。

大兴安岭地区代表性植被主要由西伯利亚植物区系植物组成,其中兴安落叶松广泛分布于该区,在低海拔以及高海拔地区均有分布;樟子松在立地条件较干燥的阳坡呈不连续岛状分布;云杉在谷底或高海拔(600~800 m)地区呈散生或小面积纯林;白桦常常在原始落叶松林火烧后形成大面积纯林或白桦落叶松混交林。在大兴安岭地区南部,火灾活动频繁,落叶松林经反复火烧破坏后已基本消失,植被以柞木、黑桦组成的林分为主。

黑龙江省可燃物差异很大,有森林、灌丛、草地及沼泽。依据胡海清等(1991)对东北林区划分的可燃物类型,黑龙江省主要可燃物类型及林火特征见表 4-1。

表 4-1　黑龙江主要可燃物类型及林火特征

可燃物类型	分布区	海拔/m	立地条件	燃烧性	蔓延程度	林火程度	林火种类
柞椴树红松林	小兴安岭	600~900	干燥	易燃	快	强	地表火、树冠火
枫桦红松林	小兴安岭	900~1000	湿润	难燃	慢	中	地表火、冲冠火
云冷杉林	小兴安岭	700~1100	湿润	较难燃	较慢	中	地表火、冲冠火
樟子松林	大兴安岭北部	300~850	干燥	较易燃	较快	强	地表火、树冠火
偃松林	大兴安岭北部	>1000	湿润	难燃	快	中	树冠火
坡地落叶松林	大兴安岭	300~1100	较干燥	较易燃	较快	中	地表火
谷底落叶松林	大兴安岭	600~700	湿润	难燃	慢	中	地表火

由图 4-1 可以看出,黑龙江省受森林火灾影响非常严重。2000—2020 年共发生森林火灾 1916 次,平均每年发生 91.23 次。其中,火灾发生次数最多的年份为 2000 年,达 258 次。此外,2002 年以及 2003 年森林火灾次数也均超过了 200 次,分别达到 242 次和 232 次。年发生森林火灾大于等于 100 次而未超过 200 次的年份为 2001、2004、2005 以及 2007 年,森林火灾次数分别为 157 次、106 次、103 次以及 100 次。年发生森林火灾 50 次以上(含 50 次)而未超过 100 次的年份有 6 年,分别为 2017 年、2015 年、2006 年、2008 年、2009 年以及 2020 年,森林火灾次数分别为 97 次、94 次、87 次、84 次、54 次以及 50 次。森林火灾发生次数较少的年份为 2013 年以及 2019 年,分别为 14 次和 10 次。

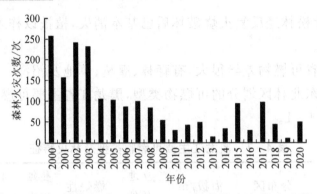

图 4-1　黑龙江省 2000—2020 年森林火灾发生次数

　　从各年份总森林火灾面积来看(见图 4-2),2000—2020 年黑龙江省发生森林火灾的面积差异较大。2000—2020 年,森林火灾面积共209.68 万公顷,年均森林火灾面积达 9.98 万公顷。年森林火灾总过火面积超过 10 万公顷的年份有 5 年,分别为 2001 年、2003 年、2004 年、2005 年以及 2006 年。其中又以 2003 年最为严重,森林火灾总面积达797203 公顷;其次为 2006 年,森林火灾总面积达 415349 公顷;2004 年、2005 年和 2001 年三个年份分别为 185547 公顷、132247 公顷以及128234 公顷。年森林火灾面积在 1 万公顷至 10 万公顷之间的年份有 6年,按面积大小依次为 2009 年、2000 年、2002 年、2007 年、2008 年以及2010 年,年森林火灾面积分别为 99819 公顷、76613 公顷、53352 公顷、39721 公顷、18402 公顷以及 13779 公顷。年森林火灾面积在 1000 公顷至 1 万公顷之间的年份有 3 年,分别为 2018 年、2011 年和 2012 年,森林火灾面积分别为 2616 公顷、1471 公顷以及 1406 公顷。年森林火灾面积在 100 公顷至 1000 公顷之间的年份有 5 年,分别为 2017 年、2015 年、2016 年、2014 年以及 2013 年,森林火灾面积分别为 883 公顷、787 公顷、640 公顷、301 公顷、106 公顷。年森林火灾面积在 100 公顷以下的年份只有 2 年,为 2019 年和 2020 年,面积分别为 11 公顷和 52 公顷。

　　总体来看,黑龙江省 2000—2010 年受森林火灾影响更为严重。在这 11 年中,年均发生森林火灾 132 次,年均森林火灾面积达 189864 公顷。而在 2011—2020 年,年均发生森林火灾 46.3 次,年均森林火灾面积为 827 公顷。

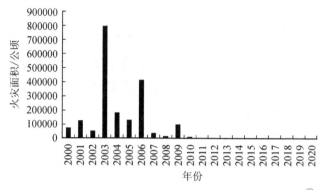

图 4-2　黑龙江省 2000—2020 年森林火灾面积[①]

4.2　数据及其预处理

本章所采用的数据为 MODIS 的地表反射率数据产品，包括 MOD09A1 和 MOD09Q1。MOD09A1 数据包含蓝光波段(459~479 nm)、绿光波段(545~565 nm)、红光波段(620~670 nm)、近红外波段(841~875 nm)、三个短波红外波段(SWIR1:1230~1250 nm；SWIR2:1628~1652 nm；SWIR3:2105~2155 nm)、视角(view_zenith_angle)、太阳高度角(sun_zenith_angle)、相对方位角(relative_azimuth_angle)等 13 个波段信息，数据的空间分辨率为 500 米，每 8 天合成一期。MOD09Q1 地表反射率数据包含了红光波段、近红外波段以及一个数据质量波段(band quality)，数据的空间分辨率为 250 米，每 8 天合成一期，每年 46 期。两种 MODIS 数据产品均采用 Sinusoidal 投影系统进行全球免费发布，数据格式为 HDF。本章对黑龙江省 2000 年、2005 年、2010 年、2015 年以及 2020 年共 5 个年份的数据进行下载，具体下载网址见第 2 章。

采用 NASA 网站提供的 MODIS 投影转换工具(MODIS reprojection tool，MRT)以及 ENVI 软件对上述产品数据进行镶嵌、投影体系及数据格式转换。本章研究所需用到的数据为 MOD09A1 中的蓝光波段和 SWIR2 波段，MOD09Q1 中的红光和近红外波段。本章研究时间跨度较大，且时间分辨率采用 8 天的间隔，因而数据量较大。镶嵌后，分

---

① 受图形显示限制，年森林火灾面积在一千公顷以下的年份图中未显示出来。

别对所需数据层进行提取。

由于数据量较大,本章采用编程对其进行处理(IDL 平台),将所需数据转换为 Albers 等积割圆锥投影。投影选择的主要依据是保证投影后面积无变形,同时,尽量与已有数据的投影参数一致,以减少投影转换方面的处理,具体投影参数设置如下:

坐标系:GCS_WGS_1984;

投影:Albers 正轴等面积双标准纬线割圆锥投影;

南标准纬线:25°N;

北标准纬线:47°N;

中央经线:105°E;

坐标原点:105°E 与赤道的交点;

纬向偏移:0;

经向偏移:0;

椭球参数:D_WGS_1984 参数,

$$a = 6378137.0000,$$
$$b = 6356752.3124;$$

统一空间度量单位:米。

4.3　火烧迹地提取方法

4.3.1　光谱指数的选取

本章所采用的火烧迹地提取方法最主要的依据为火灾发生前后植被的明显变化,因此需要选择恰当的光谱指数或者植被指数来对这一变化特征进行表征。依据上一章针对单一火场火烧迹地提取,对各种光谱指数提取效果的比较,由于 GEMI 提取精度最好,故本章选择其作为火烧迹地信息提取的主要判别指数。GEMI 的计算公式见第 3 章。由图4-3可知,火灾发生前后 GEMI 表现出明显下降的特征。

(a) 火灾前　　　　　　　　　　　　　(b) 火灾后

图 4-3　火灾发生前后 GEMI 变化示意图（2006 年 5 月砍都河特大森林火灾）

　　此外,为避免采用单一指数所带来的潜在误差,选择与 GEMI 变化特征完全相反的 BAI 作为补充判别指数。BAI 的计算公式见第 3 章。由图 4-4 可知,BAI 在火灾发生前后表现出明显上升的特征。

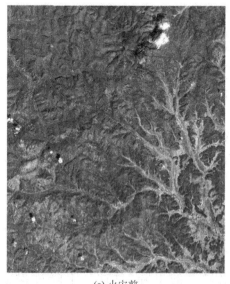

(a) 火灾前　　　　　　　　　　　　　(b) 火灾后

图 4-4　火灾发生前后 BAI 变化示意图（2006 年 5 月砍都河特大森林火灾）

4.3.2　火烧迹地提取流程

火烧迹地的提取流程主要分为两个阶段：首先，设定较为严格的判别阈值以提取火烧迹地的核心像元——火灾最有可能发生的像元。这一阶段的主要目标在于尽可能地减少错判误差，因而需要对火灾发生前后的光谱指数变化设定严格的阈值。其次，对第一阶段提取的核心像元一定距离范围内的光谱指数变化特征进行判别，设定较为宽松的阈值，以尽可能减少漏判误差。火烧迹地提取流程如图 4-5 所示。

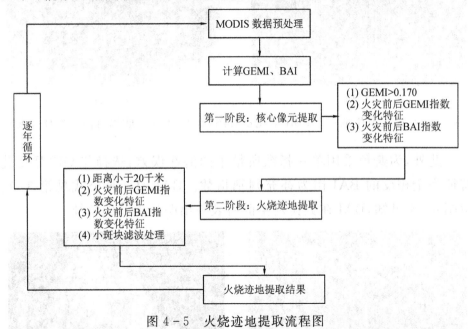

图 4-5　火烧迹地提取流程图

第一阶段的提取过程以 GEMI、BAI 为基础，具体的判别条件如下：

首先，火灾发生之前的 GEMI 值必须大于一定的阈值，以确保判别区域为植被覆盖。GEMI 的阈值设定如下：

$$\text{GEMI}_{t-1} > 0.170 \tag{4-1}$$

其中，t 为时间（下同）。选择数据为 MODIS 8 天合成数据，每年共 34 期数据，因此 t 的范围为 $0 < t \leqslant 34$。

火灾发生后，GEMI 值必须表现出显著的下降，且这一下降过程必须持续一定的时间，以区分由云污染等造成的 GEMI 值的短暂下降。这一过程通过以下两个判别条件来实现：

$$\frac{GEMI_t - GEMI_{t-1}}{GEMI_t} < -0.1 \tag{4-2}$$

$$\frac{GEMI_{t+2} - GEMI_{t-1}}{GEMI_{t+2}} < -0.1 \tag{4-3}$$

其次，我们使用 BAI 指数来对火烧像元做进一步的限定。火灾发生后，BAI 值显著增加，其判别条件如下：

$$BAI_t > 250 \text{ 且 } BAI_{t-1} > 200 \tag{4-4}$$

第二阶段的判别过程以第一阶段提取的核心像元为基础，采用较为宽松的阈值来对邻近像元进行判别。在对研究区的火灾发生特征进行分析之后，距离核心像元的最大距离被设定为 20 km。第二阶段的火烧迹地信息提取，仅对核心像元 20 km 范围内的像元进行判别，判别条件如下：

$$GEMI_t - GEMI_{t-1} < -0.03 \tag{4-5}$$

$$GEMI_{t+1} - GEMI_{t-1} < -0.02 \tag{4-6}$$

$$GEMI_{t+2} - GEMI_{t-1} < 0 \tag{4-7}$$

$$GEMI_{t+1} - GEMI_t < 0 \tag{4-8}$$

$$BAI_t > 250 \tag{4-9}$$

最后，将两个阶段的提取结果进行合成。本章采用一个 3×3 的变换核，对合成结果进行滤波处理，消除提取过程中产生的小斑块。

4.4 精度验证及火烧迹地提取结果

本章收集整理黑龙江省 2000 年以及 2005 年的火灾统计数据，包括火灾发生的时间、地点、经纬度信息、过火面积、火因以及扑救情况等，数据来源为相关林业部门。

鉴于 MODIS 数据空间分辨率以及火烧迹地信息提取后去除小斑块的需要，对过火面积小于 60 公顷（约 3×3 个像元）的火灾进行剔除，最终得到研究区 2000 年和 2005 年的火灾验证数据。

依据 4.1.4 中对黑龙江省森林火灾发生次数以及面积的统计分析，

选择受林火影响较为严重的 2000—2010 年作为研究时间段，利用 MODIS时序数据，采用上述算法对其森林火灾火烧迹地进行提取，得到黑龙江省 2000—2010 年火烧迹地分布数据。

4.4.1　精度验证

利用 2000—2005 年火灾发生的经纬度信息对提取结果进行错判以及漏判分析，见表 4－2。由于验证数据仅提供了火灾发生的位置，因而不能对提取结果进行空间化（逐像元）的误差分析。以火灾发生的位置信息为参照，对提取结果进行分析，两者一致则认为提取结果正确。如果在标有火灾发生的位置没有提取出火烧迹地信息，被认为是漏判；相反，在没有标出火灾发生的位置，却提取出火烧迹地信息，被认为是错判。同时，虽然 MODIS 产品数据经过了几何校正，但仍具有一定的误差，因此，提取的火烧迹地信息未必能与用于验证的经纬度信息完全一致，特别是当发生火灾过火面积较小时，这一情况可能更为明显。而且，用于验证的经纬度信息为点状信息，用以对提取结果进行验证（面状信息）存在一定的困难。所以，对火烧迹地进行漏判以及误判评估只能做一个大致的判断，即对验证经纬度信息一定范围内所提取的火烧迹地进行评估。从漏判的角度来看，整体精度介于 65.22％至 83.33％之间，其中 2004 年最低，2005 年最高。从错判的角度来看，整体精度介于 60.00％至 88.64％之间，2005 年最低，2000 年最高。

表 4－2　火烧迹地提取验证表

时间	火灾发生次数/起	提取火灾次数/起	漏判/起	错判/起	提取面积/公顷	验证数据/公顷
2000	88	79	19	10	56415.4	76613.9
2001	61	54	15	8	83358.2	128233.9
2002	33	38	8	13	41177.2	53352.9
2003	62	67	14	19	625643.1	797247.6
2004	27	23	8	4	145683.1	185547.2
2005	10	12	2	4	101736.7	132247.8

此外，我们将提取结果的面积进行汇总且与验证数据进行了比较，见表 4－2。结果显示，2000—2005 年每年均有一定的漏判以及错判误

差存在,且提取的火烧迹地面积均小于验证数据,各年份平均精度为 74.96%。其中,提取面积精度最高为 2004 年,达 78.52%;提取面积精度最低为 2001 年,精度为 65.00%。

相对于以往选择过火面积大于 200 公顷的森林火灾进行验证的算法研究(Emilio et al.,2008),基于 MODIS 数据空间分辨率以及提取结果滤波处理的需求,我们将过火面积大于 60 公顷的森林火灾作为验证数据,提高了对算法精度的要求。结果显示,虽然算法的漏判以及误判精度均有所提高,但主要的漏判误差仍来源于 100 公顷左右的森林火灾。

此外,算法对于过火面积大于 10 万公顷的特大森林火灾的火烧迹地信息提取也存在较大的误差,需要改进。以发生于呼玛县境内的 2003 年 5 月以及 2005 年 10 月的两次特大森林火灾为例,前者过火面积逾 30 万公顷,后者过火面积逾 10 万公顷,这两场火灾的提取效果均不太理想,所提取面积远小于验证数据。而研究区每年均有面积较大的特大森林火灾发生,这就成为提取面积精度较低的主要原因。

从以上分析可以看出,由于遥感数据空间分辨率的局限,算法对于面积较小的火烧迹地提取具有一定难度。而空间分辨率相对较高的遥感数据,如 TM 数据,其时间分辨率却难以满足火烧迹地信息提取的要求。遥感数据融合可以较好地解决这一问题,如何采用融合之后的高空间分辨率以及时间分辨率的遥感数据进行更为细致的火烧迹地提取有待深入研究。

4.4.2　黑龙江省火烧迹地提取结果

由图 4-6 可以看出,基于算法的火烧迹地提取面积与统计数据之间具有相同的趋势变化。总体来看,基于算法的提取结果面积均小于实际的火烧迹地面积。高浩等(2017)研究表明,低空间分辨率遥感数据在进行火烧迹地提取时会存在较大程度的漏判误差,从而导致提取面积较小,这与本书的结果类似。

从空间分布来看,黑龙江省受火灾影响较大的区县主要包括:大兴安岭地区(漠河县、塔河县、呼玛县)、黑河市、孙吴县以及逊克县,其余县市受森林火灾影响相对较小。

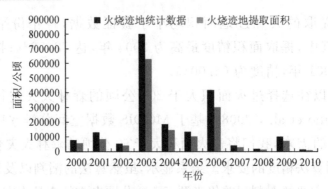

图 4-6　火烧迹地提取结果与统计数据比较

4.4.3　不同土地覆被类型的火烧迹地分布

本章以 MODIS 土地覆被产品为基础(即 MCD12Q1 产品),对黑龙江省 2005 年的土地覆被类型进行提取。选择覆盖研究区的 MCD12Q1产品,采用 NASA 网站提供的 MODIS 重投影工具(MRT)对所下载产品进行镶嵌、投影体系以及数据格式转换,并提取 land_cover_type_1 数据层,从而得到研究区 2005 年的土地覆被图。数据遵循了国际地圈-生物圈计划的土地覆被分类系统,共分为 17 个土地覆被类别。同时,将数据原有土地覆被类型进行归并,最终分为针叶林、阔叶林、混交林、灌丛、草地、耕地及其他,共 7 类,并以此为基础对火烧迹地进行统计分析,得到图 4-7。

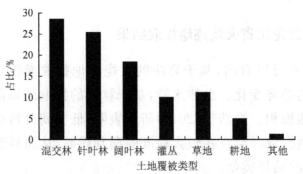

图 4-7　各土地覆被类型火烧迹地所占比例

由图 4-7 可以看出,混交林和针叶林所占火烧迹地面积比重最大,

分别达到 28.52％和 25.37％,阔叶林及草地次之,分别为 18.43％和
11.24％,剩余土地覆被类型所占比重均较小。林地火烧迹地面积占总
面积的 72.32％,表明研究区森林受火灾影响严重,且黑龙江省主要火
灾类型表现为森林火灾。因此,研究黑龙江省森林火烧迹地的植被恢复
过程对于区域的生态系统结构以及功能的恢复有着重要的意义。

参 考 文 献

高浩,张甲珅,郑伟,等,2017. 基于不同分辨率卫星数据的林火排放对
　　比研究[J]. 地理研究,36(5):850-860.

王爽,2018.浅谈黑龙江森林资源现状及林业的可持续发展[J].现代农
　　业研究(01):77-78.

武晋雯,孙龙彧,纪瑞鹏,等,2020.火烧迹地信息遥感提取研究进展与展
　　望[J].灾害学,35(04):151-156.

杨伟,张树文,姜晓丽,2015.基于 MODIS 时序数据的黑龙江流域火烧
　　迹地提取[J].生态学报,35(17):5866-5873.

尤慧,刘荣高,祝善友,等,2013.加拿大北方森林火烧迹地遥感分析[J].
　　地球信息科学学报,15(04):597-603.

CHUVIECO E,LIZUNDIA-LOIOLA J,PETTINARI M L,et al,
　　2018. Generation and analysis of a new global burned area product
　　based on MODIS 250 m reflectance bands and thermal anomalies[J].
　　Earth System Science Data,10(4):2015-2031.

EMILIO C,PETER E,ALEXANDER P T ,et al,2008. Generation of
　　long time series of burn area maps of the boreal forest from NOAA-
　　AVHRR composite data[J]. Remote Sensing of Environment(112):
　　2381-2396.

RUIZ J A M,LÁZARO J R G,CANO I D Á,et al,2014. Burned area
　　mapping in the North American boreal forest using terra-MODIS LTDR
　　(2001—2011):A comparison with the MCD45A1,MCD64A1 and BA
　　GEOLAND-2 products[J]. Remote Sensing,6(1):815-840.

第5章 林火火烧迹地植被覆盖动态监测

森林是陆地生态系统最为重要的组成部分之一,在全球气候调节、水土保持、维持生态平衡等方面都发挥着极其重要的作用(孙桂芬,2018)。森林生态系统的稳定对于保持区域生态系统的健康发展同样具有巨大的影响。森林生态系统的干扰因素主要包括自然和人为两个方面,如病虫害、林木砍伐以及森林火灾等。其中,森林火灾是指失去人为控制、在林地内自由蔓延和扩散,对森林、森林生态系统,甚至人类生命财产造成一定危害的林火行为。森林火灾作为一种破坏性较大的自然灾害,突发性较强,会造成原有森林生态系统结构和功能的显著退化。火灾发生之后,火烧区的植被生长周期往往比较长,如森林资源的恢复会需要更长的时间(Dubinin et al.,2010)。尤其是对于某些面积大、火烧强度高的森林火灾,将可能对森林造成毁灭性的打击,以至于火灾发生之后森林难以恢复为原有的植被类型,草地、灌丛等植被类型在很大程度上可能替代原有植被类型,成为火烧后该地区的最终植被类型(王博,2020)。

火烧迹地的植被恢复按照是否人为进行干预分为自然恢复和人工恢复。自然恢复即植被的自然更新过程,一般分为四个时期:①林分再生的开始时期;②枝干扩展时期;③下层林木再生过程;④稳定时期。人工恢复则是利用人为方式促进植被在短时间内恢复,以促进火烧迹地生物群落的重建。

火烧迹地的植被恢复是一个长期的过程,恢复过程受气候条件、地形地貌、植被类型、火烧强度、土壤性质等各种因素的影响(杨芳健,2020)。火灾发生后,火烧迹地的林木更新动态以及植被恢复是林火生态学的重要研究内容之一。精准有效地对火烧迹地的植被恢复状态进行监测,有助于理解火灾后的森林动态变化规律,为森林管理提供决策支持。

5.1　火烧迹地植被恢复相关研究进展

5.1.1　传统研究手段

传统的火烧迹地植被研究方法主要依赖于大量的野外调查工作,然后采用人工制图的方法对火灾造成的影响进行分类(Bertolette et al.,2001),这一过程耗时费力。

许多的火烧迹地植被恢复研究都集中于火灾发生后的第一年里,研究的重点主要包括幼苗的出芽状况、植被的存留状况以及植被覆盖的恢复状况等。随着时间尺度的增加,研究的重点转移到林木特征的变化,主要包括树高、冠幅、树径等。此外,为了研究不同生态系统下火烧迹地的植被恢复能力,需要对火烧迹地进行长期的观测。通常来讲,这一过程应从火灾事件发生之后开始,选择一定的采样单元以及研究所需的观测因子,在之后的年份中进行持续观测(Tarrega et al.,2001)。

火烧迹地植被研究中最为常用的采样方式为使用固定的方形样点(Calvo et al.,2002)。样点的大小以及数量等取决于被调查物种的特征以及研究区的范围(Mitri et al.,2010)。相应地,为了有利于地表数据的收集,还需要确定所需的野外调查项目。除此之外,根据调查类型和目的的不同,还有着相应的采样规则(Daskalakou et al.,2004)。

火烧迹地的植被恢复监测和分析既可以通过植被结构研究(包括植被覆盖以及空间异质性等)来进行,也可以通过植被区系评价(包括物种组成、丰度、群落多样性等)来实现,或者是两者的结合(Kazanis et al.,2004)。

环境条件是影响火烧迹地植被更新的重要因素,包括气候条件、地形、土壤等。Pausas 等(1999)对不同环境条件下(气候带、坡向、岩性等)的火烧迹地植被恢复过程进行了研究,研究结果显示,植被恢复过程存在着巨大的空间差异,随坡向和空间位置的变化而改变,北坡植被更新速率较高,南坡较低;不同年份的植被恢复速率由于气候条件的不同而存在差异。Belda 等(2000)针对气候条件对火烧迹地植被自然更新的影响进行了探讨,他们认为植被再生过程遵循指数曲线,尤其是在气候湿润带具有较高的相关系数。De Luis 等(2001)综合评价了火灾以及暴雨对于生态系统的影响,结果表明降水是火烧迹地植被恢复的重要影响因子。火灾发生前的环境特征同样会对火烧强度的异质性产生影响,从而在局地或者景观尺度上作用于植被恢复过程,表现为植被恢复在空间上的异质性过程。

5.1.2　基于遥感的研究手段

传统的火烧迹地植被恢复研究通常依靠野外实地调查来完成,而火灾发生的位置往往比较偏远,且部分地区交通不便,导致开展相关工作难度较大。此外,火烧迹地植被的恢复过程周期较长,往往需要长时间的连续监测数据,这对于人工野外调查来讲,也大大增加了操作难度。较之传统的方法,遥感作为新的对地观测技术,具有大面积同步观测、周期性、速度快、可重复观测等优点,可以弥补传统野外调查方法费时费力等不足,已经成为火烧迹地植被恢复监测的重要手段之一。

1. 植被指数

植被指数是遥感监测火烧迹地植被恢复的主要方式之一。王冰等(2021)利用 Landsat 遥感数据,基于 dNBR(differenced NBR)和 EVI 两种光谱指数开展了火烧迹地识别及植被恢复特征研究,结果表明 dNBR 在火烧迹地及火烈度提取中效果较好,火灾的发生导致 EVI 值的明显下降,且随火烈度的升高而增大。在植被的恢复过程中,火烧迹地 EVI 值逐渐增加,林地轻度和中度火烧后 6 至 8 年,重度火烧后 14 年恢复到火烧前的状态,而灌丛草地在火灾发生后 2 年即可恢复正常。王爱爱等(2018)以归一化植被指数(NDVI)为主要指标,对火灾发生后 NDVI 的恢复轨迹进行了分析,结果表明火烧后的 12 年是森林的主要恢复期,火烧区 NDVI 的时空动态趋势与火烧强度存在较大的相关性,此外,不同的森林恢复措施也会导致火烧迹地 NDVI 的空间差异。宫大鹏等(2021)以草原火灾为例,分别对不同火烧强度下的 NDVI 以及 GPP[①] 的

---

①　表示总初级生产力,英文翻译为 gross primary productivity。

恢复过程进行了定量分析,研究结果表明,火灾后 NDVI 和 GPP 的恢复过程相似;但由于草原的更新能力强大,不同火烧强度对草原植被的影响并不明显。孙桂芬等(2018)采用不同植被指数对火烧迹地的植被恢复过程进行了监测,并认为轻度火烧后 3 年即能恢复到火烧前的植被状态,中度火烧后 6 年可恢复到火烧前的状态,而重度火烧后 14 年方可恢复到火烧前的状态。

2. 光谱混合分析

光谱混合分析也是一种常用的监测火烧迹地植被恢复的遥感方法。该方法用来定量分析地表覆盖的反射性质,提供了合成辐射观测值的自然表达,使得地表反射物能被描述为光谱组分的组合。它将光谱混合空间中的反射物质表示为渐变的物质,依据端元的光谱特征,得出各个端元在像元中所占的比例,相对于将像元生硬地划分为少数种类中的一种更可行、更精确。Fernandez 等(2016)以地中海生态系统火烧迹地为研究对象,利用长时序 Landsat TM/ETM+遥感数据,采用混合像元分解的方法对火烧后的植被恢复过程进行了监测,研究结果发现,低火烧强度下,经过 7 年的恢复,植被覆盖可以恢复到原有的状态;中火烧强度下,植被覆盖需要 13 年的恢复时间;而高火烧强度下,植被恢复需要近 20 年的时间。陈宝等(2019)采用多端元光谱混合分析的方法,以 2000 年大兴安岭呼中自然保护区发生的森林火灾为研究对象,对其植被恢复情况进行了监测。Roder 等(2008)利用 Landsat MSS、TM、ETM+影像,以西班牙瓦伦西亚地区火烧迹地为研究区域,采用线性光谱混合分解的方法对火灾后的植被恢复过程进行了监测,结果发现,火烧迹地的典型植被恢复过程,最初表现为各类草和草本植物的恢复,然后是灌木层的逐渐发展,以及个体树木的生长。

3. 植被覆盖度

植被覆盖度是指植被的叶、茎、枝在地面的垂直投影面积占据研究区总面积的百分比,是衡量地表植被状况的一个重要指标(Gitelson et al.,2002)。对于森林生态系统来说,植被覆盖度是其健康评价的前提和基础(甘春英 等,2011)。植被覆盖度的计算方法可分为实地测量法和遥感估算法两种。相较于实地测量,遥感估算具有更大的优势,如空间连续、省时省力、重复观测等。因此,随着遥感技术的不断发展,基于遥感的植被覆盖度监测已经成为一种重要的方法。包月梅等(2015)以根河市火烧迹地为研究区,采用 5 个时相的遥感数据,基于像元二分模型估算法,对火烧迹地的植被恢复过程进行了监测,结果表明,随着时间的推移,火烧迹地植被覆盖度显著增加,且其变化趋势与地形特征有着较大的联系。孙红等(2018)同样以根河市发生的森林火灾为例,对火烧迹地的植被覆盖度进行了监测,结果显示,在其研究时间段内,除部分地区以外,植被覆盖度整体呈现增加趋势,研究区植被覆盖变化是多重因素共同影响下的动态变化,局部植被覆盖度对林火的变化极为敏感。

综上所述,火烧迹地的植被恢复监测对于理解火灾后的森林动态规律有着重要的意义,而传统的监测手段已经难以满足需要。随着遥感技术的不断发展,基于遥感的火烧迹地植被恢复监测已经成为目前最主要的手段。从监测手段来看,更多的研究采用了植被指数或者光谱混合分析的方法来对火烧迹地的植被恢复过程进行监测。但同时也应看到,植被覆盖度是衡量森林生态系统是否健康的重要指标。目前来看,关于火烧迹地植被覆盖度动态监测的研究还相对较少。基于此,本章以 2006年发生于砍都河林场的特大森林火灾为典型案例,对其火烧迹地的植被覆盖度变化情况进行监测,并对其影响因素进行探讨,为林火植被恢复监测研究提供典型案例。

5.2　典型案例及数据方法

5.2.1　研究区概况

火灾案例为 2006 年 5 月 22 日砍都河林场发生的森林火灾,此次火灾由雷击引起并发展成为特大森林火灾。大火于 2006 年 6 月 3 日被扑灭,造成了砍都河林场大面积的森林过火。砍都河林场隶属于大兴安岭地区松岭林业局。本章采用目视解译的方式对火场外围边界进行提取,以作为火烧迹地范围,见图 5-1。

图 5-1　砍都河林场特大森林火灾

1. 地理位置

松岭林业局位于大兴安岭林区东南部,地处伊勒呼里山东部,嫩江上游左岸。地理坐标范围为东经 123°29′ 至 125°33′,北纬 50°37′ 至 51°31′。行政辖区为黑龙江省大兴安岭地区松岭区,东接南瓮河自然保护区,南临加格达奇林业局,西与阿里河林业局毗邻,北以伊勒呼里山为界与呼中林业局以及新林林业局相连。

2. 地形地貌

境内地形地貌主要以低山丘陵为主,由伊勒呼里山绵延南伸的两条低山丘陵组成,西北高,东南低。海拔高度一般为 500～800 米,海拔最高为 1302 米。境内河流多为嫩江支流,主要包括多布库尔河、南瓮河、砍都河、那都里河等。

3. 气候特征

本区域地处寒温带,属大陆性季风气候,冬季严寒且时间较长,夏季炎热时间较短,春秋季较短,且秋季降温迅速。年平均气温较低,为 -3 ℃,极端最低气温可达 -48 ℃。年均降水量为 500～600 毫米左右,且分布较为集中,每年的 10 月至翌年的 3 月是全年降水量最少的月份,仅占全年总降水量的 10%;4 月至 9 月降水量占全年总降水量的 90%;7 月至 8 月降水最集中,占全年总降水量的 48.9%。

4.森林资源

境内森林资源以原始森林为主,有少量的次生林。森林植被由东南向西北明显过渡。绿水以南以东为白桦和黑桦、柞树、山榆等,大、小扬气之间,除落叶松外,分布有樟子松、山杨等,北部是落叶松林。松岭林业局经营总面积为 677505 公顷,其中林地面积为 675807 公顷,占比达 99.75%。丰富的林业资源加之干燥的气候条件,使得该林区受森林火灾影响较大。

5.2.2　数据来源

根据数据的可获取性以及数据质量,选择 2005—2020 年的 Landsat TM 和 Landsat OLI 遥感影像,每隔 2 到 3 年选择一期数据,包括火灾发生前以及火灾发生后的数据。Landsat 数据的具体介绍及下载方式见第 2 章。为监测火烧迹地植被状态,所选影像均为植被生长季节 6—8 月,具体见表 5-1。

表 5-1　Landsat 数据获取时间

年份	传感器类型	月份		
		6 月	7 月	8 月
2005	Landsat TM			√
2006	Landsat TM	√		
2008	Landsat TM	√		
2011	Landsat TM			√
2013	Landsat OLI		√	
2015	Landsat OLI		√	
2017	Landsat OLI		√	
2020	Landsat OLI		√	

5.2.3　植被覆盖度模型

基于遥感技术的植被覆盖度估算,一般通过建立归一化植被指数(NDVI)与植被覆盖度之间的相关关系模型来进行(李娟 等,2011)。其中,基于 Landsat 系列数据进行植被覆盖度计算时,最为常用的是像元二分模型,且普遍认为效果较好(Van De Voorde et al.,2008)。利用该模型进行植被覆盖度计算时,首先要确定植被指数,其次需要建立植被指数与植被覆盖度之间的关系转换模型。像元二分模型中,最常用的植被指数为 NDVI。但研究表明,NDVI 在高植被覆盖区域容易达到饱和,反应不灵敏,因而不适用于高植被覆盖区域。而 EVI 在计算过程中加入蓝光波段,从而对植被信号进行了增强,能较好地适应植被茂密区。如前所述,此次案例林火发生于松岭林业局境内,森林覆盖率高,植被茂密,因而选择 EVI 作为基础植被指数进行植被覆盖度遥感反演。EVI 的计算方式见第 3 章。

像元二分模型的基本原理为:假设遥感影像单个像元的反射率为 R,如果该像元为混合像元,那么 R 可以分为纯植被部分的反射率 R_1,以及非植被部分(主要为土壤背景)的反射率 R_2,即

$$R = R_1 + R_2 \tag{5-1}$$

如果像元为纯植被像元,那么 R_2 为 0;相反,如果像元为纯裸土像元,那么 R_1 为 0。

假设某像元为纯植被覆盖,其反射率为 R_{veg};某像元为纯裸土覆盖,其反射率为 R_{soil}。对于混合像元,植被覆盖面积为 F_C,即植被覆盖度,$1-F_C$ 为非植被覆盖度。那么,植被以及裸土的覆盖度乘以纯像元的反射率,即为混合像元各覆盖类型的反射率,计算公式如下:

$$R_1 = F_C \times R_{veg} \tag{5-2}$$

$$R_2 = (1 - F_C) \times R_{soil} \tag{5-3}$$

依据上述公式,可以得到植被覆盖度 F_C 的计算公式,即

$$F_C = (R - R_{soil})/(R_{veg} - R_{soil}) \tag{5-4}$$

像元二分模型的计算原理与上述公式相同,即用植被指数(如 EVI)代替反射率,并认为理论上纯植被像元的 EVI 值为 1,而裸土或者无植

被覆盖区域的 EVI 为 0,混合像元的 EVI 值由植被以及裸土共同组成。那么,以上公式也可转化为

$$F_C = (EVI - EVI_{soil})/(EVI_{veg} - EVI_{soil}) \qquad (5-5)$$

式中,EVI_{soil} 代表裸土像元 EVI 值;EVI_{veg} 代表纯植被像元 EVI 值。对于大多数裸土而言,其植被指数理论上应该接近 0,并且不易变化。但受各种因素的影响,该值会随空间而变化。此外,EVI_{veg} 也会随植被类型以及植被的时空分布特征而变化。因此,本书在计算植被覆盖度时,选取研究区内 EVI_{max} 和 EVI_{min} 代表 EVI_{veg} 和 EVI_{soil},上述公式即转化为

$$F_C = (EVI - EVI_{min})/(EVI_{max} - EVI_{min}) \qquad (5-6)$$

式中,EVI_{max} 代表 EVI 最大值;EVI_{min} 代表 EVI 最小值。

借鉴已有的植被指数最大值以及最小值估算方法(李苗苗,2003),将植被指数直方图与计算过程相结合,从 EVI 直方图数值中读取 EVI 累计频率数为 5% 和 95% 对应的值作为 EVI 最大值和最小值。

根据已有的植被覆盖度相关研究(杨胜天 等,2002;苏伟 等,2009),本章按照植被覆盖度值的高低将火烧迹地植被覆盖度划分为低覆盖、中低覆盖、中覆盖、中高覆盖以及高覆盖 5 个等级(见表 5-2),并分析不同级别的分布以及转化特征。

表 5-2 植被覆盖度分级表

植被覆盖度	[0,25%)	[25%,40%)	[40%,60%)	[60%,75%)	[75%,100%]
分级	低覆盖度	中低覆盖度	中覆盖度	中高覆盖度	高覆盖度
赋值	1	2	3	4	5

5.2.4 植被恢复监测指数

本章采用绝对恢复指数(absolute recovery index,ARI)和相对恢复指数(relative recovery index,RRI)两个指标来对火烧迹地的植被恢复过程进行监测。其中,绝对恢复指数基于火灾发生前正常状态下的 F_C 和火灾发生后经过一定年份恢复后的 F_C 值计算得到,这种模型的构建方式,在评估植被恢复的过程中加入了火烧前的植被覆盖度值,从一定程度上消除了不同受灾程度植被所在立地条件等对植被恢复的影响,其计算公式如下:

$$ARI = \frac{F_{Cpost,t}}{F_{Cpre}} \times 100\%$$ (5-7)

式中,ARI 为绝对恢复指数;F_C 代表植被覆盖度;post 代表火灾发生后;t 代表恢复时间;pre 代表火灾发生前。

ARI 通过与火烧前的植被覆盖度进行比较以分析受到火灾干扰后的植被恢复到火烧前状态的时间,并没有考虑恢复期间植被的动态变化,仅对火烧前的固定状态进行对比分析,存在一定的弊端。除此之外,不同年份的植被覆盖度在很大程度上还会受到气候条件变化(如降水和气温的年际差异)的影响。

因此,为减少气候变化对于植被恢复评估的影响,并考虑火灾发生后植被的动态变化,选取每年火烧迹地周边的健康植被的覆盖度作为参照,以取代火烧前的植被覆盖度,构建相对恢复指数,以横向比较火烧迹地的植被恢复状况。相对恢复指数的计算方式如下:

$$RRI = F_{Cfire,t} - F_{C,t}$$ (5-8)

式中,RRI 为相对恢复指数;F_{Cfire} 代表火烧迹地植被覆盖度;F_C 为同一年份健康植被平均植被覆盖度;t 为时间。

5.2.5　火烧强度计算及等级划分

火烧强度可以定义为森林生态系统受火灾影响后的破坏程度。基于遥感的火烧强度监测主要通过相应的光谱指数来实现,如 dNBR、dNDVI 以及综合火烧指数(composite burn index,CBI)等。如 Chafer 等(2004)利用 SPOT 影像,通过比较火灾发生前后的 NDVI 差值(dNDVI),对发生于澳大利亚悉尼盆地的森林火灾火烧强度进行了监测。吴超等(2021)在对滇中地区典型火烧迹地的植被恢复过程进行监测时,利用 dNBR 对火烧强度进行了评价。袁昊等(2019)对大兴安岭地区多年的火烧斑块进行了提取,并利用 dNBR 指数对其林火烈度的时空格局进行了分析。李明泽等(2017)基于 Landsat TM 影像,对呼中林区的火烧迹地进行了提取,并利用 dNBR 阈值法对过火区的火烧强度进行了分析。王晓莉等(2013)基于 Landat TM 影像,利用 NBR 和 CBI 指数构建了呼中地区的火烧强度分布数据库。

火烧强度的定量化研究,有助于探索火灾所引起的森林生态系统以及景观格局的改变和发展特征。本章为了更好地对火烧迹地的植被恢复过程进行分析,利用 dNBR 进行火烧强度划分,并探讨不同火烧强度下的植被恢复过程。dNBR 的计算方式如下:

$$dNBR = NBR_{prefire} - NBR_{postfire} \qquad (5-9)$$

式中,$NBR_{prefire}$ 和 $NBR_{postfire}$ 分别代表火灾发生前以及火灾发生后的 NBR。NBR 的计算公式见第 3 章。

本章按照等距离法对 dNBR 进行分级,将火烧强度划分为轻度、中度和重度火烧(见图 5-2),并对各火烧强度等级的面积和占比进行计算(见表 5-3)。

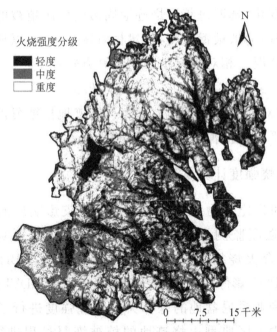

图 5-2　火烧强度等级分布图

表 5-3　各火烧强度面积及占比

火烧强度	面积/km²	占比/%
轻度	584.61	27.31
中度	860.91	40.22
重度	694.99	32.47

由图 5-2 以及表 5-3 可以看出,此次火灾造成的破坏较大。各火烧等级中,中度火烧面积最大,为 860.91 km²,占总面积的 40.22%;其次为重度火烧,面积达 694.99 km²,占总面积的 32.47%;轻度火烧面积最小,为 584.61 km²,占总面积的 27.31%。

5.2.6　火烧区植被类型

植被类型数据采用全球 30 米分辨率地表覆被精细分类产品(刘良云 等,2020),该产品提出了耦合变化监测和动态更新相结合的长时序地表覆盖动态监测方案,利用 1984—2020 年所有 Landsat 系列卫星遥感数据,生产了 1985—2020 年全球 30 米地表覆被数据产品,共包含 29 个地表覆被类型,更新周期为 5 年。研究区植被类型如图 5-3 所示。

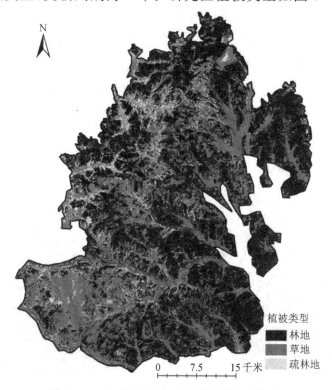

图 5-3　火烧迹地火灾前植被类型分布

结合图 5-3 和相关软件可以得出,火灾发生前,研究区的植被类型以林地为主，面积为 114976.35 公顷，占比达到 53.71%；其次为草地，面积为 75709.35 公顷，占比为 35.36%；疏林地的分布最少，面积为 23400.72 公顷，占比为 10.93%。

5.2.7　地形因子

地形因子也是影响植被生长的重要因素，主要包括海拔高度、坡度和坡向。地形数据采用数字高程模型（digital elevation model，DEM）。所谓 DEM 是指利用有序、有限的位置高程数值矩阵实现对地球表面高程状况的数字化模拟。DEM 作为一种便于分析和计算的数据源，已经广泛应用于地理学的各个领域，如地貌分析、地形因子提取、流域研究、水土流失等领域。常用的 DEM 数据包括 SRTM、ASTER 以及 GDEM 数据等。其中，GDEM 数据是由 NASA、METI 以及日本国家航天局等单位共同开发，且于 2000 年开始回传数据，其空间分辨率为 30 米，地理范围大致包括北纬 83°至南纬 83°之间的陆地面积，覆盖区域占陆地总面积的 99%。本章为分析地形因子对植被恢复的影响，采用 GDEM V3 数据作为地形数据，并对地形因子进行提取。本章的数据来源为地理空间数据云。研究区地形因子如图 5-4 所示。

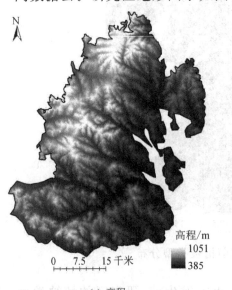

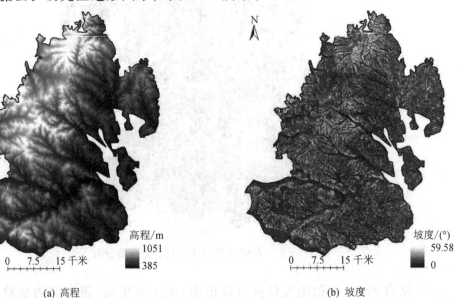

（a）高程　　　　　　　　　　　　　　（b）坡度

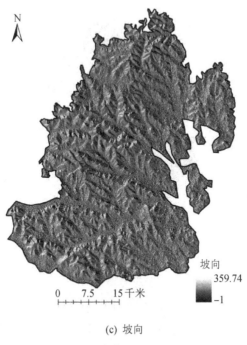

N

坡向
359.74
-1

0　7.5　15 千米

(c) 坡向

图 5 - 4　火烧迹地地形因子

5.3　植被恢复过程及影响因素分析

5.3.1　火烧迹地植被覆盖度及等级结构变化

依据上述方法,利用 Landsat 系列数据,对研究区火烧前(2005 年)、火烧后(2006—2020 年)的植被覆盖度进行计算,得到各年份火烧迹地植被覆盖度图(见图 5 - 5)。

以图 5 - 5 为基础,分别计算各年份火烧迹地范围内植被覆盖度的均值和标准差,得到表 5 - 4。结合图 5 - 5 和表 5 - 4 可以看出,火烧前研究区的平均植被覆盖度为 0.62,标准差为 0.076,表明火灾发生前,研究区植被覆盖度较高,且空间差异较小。火灾发生后,即 2006 年,植被覆盖度平均值发生严重下降,只有 0.25,且标准差为所有年份中最大,植被覆盖度空间差异变大。2008 年,经过两年的植被恢复,平均植被覆

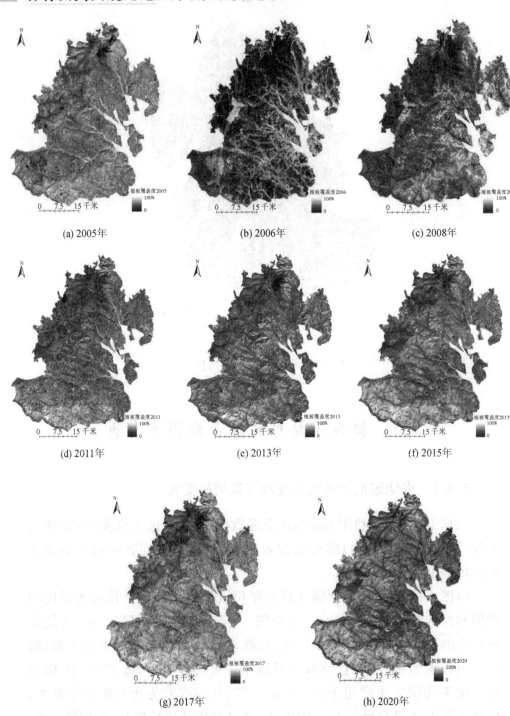

(a) 2005年   (b) 2006年   (c) 2008年

(d) 2011年   (e) 2013年   (f) 2015年

(g) 2017年   (h) 2020年

图 5 - 5　火烧迹地 2005—2020 年植被覆盖度

盖度增加到 0.44,恢复到火烧前的三分之二,标准差为 0.118,较 2006 年有所降低,但仍高于火灾发生前。2011 年,经过五年的恢复,植被覆盖度平均值接近火烧前的水平,达到 0.58,标准差降到 0.075,也基本接近火灾发生前的大小。2013 年,植被覆盖度平均值增加到 0.61,几乎与火烧前持平,且标准差为 0.073,与火灾发生前大致相同。2015 年、2017 年和 2020 年,植被覆盖度平均值分别为 0.74、0.77 和 0.75,三个年份植被覆盖度平均值相近,且均高于火烧前的水平;三个年份标准差分别为 0.089、0.083 和 0.086,数值也基本接近。

　　从植被覆盖度平均值和标准差来看,火烧迹地经过七年的恢复 (2006—2013 年),达到了火烧前的水平。之后又经过两年左右的时间,到 2015 年,火烧迹地的植被覆盖度超过了火烧前的水平,并在之后的年份当中维持稳定的状态。其原因可能在于火灾的发生导致了再生植被结构的转变,从而导致植被覆盖度高于火烧前的水平。

表 5 - 4　火烧迹地植被覆盖度年平均值和标准差

年份	平均值	标准差	年份	平均值	标准差
2005	0.62	0.076	2013	0.61	0.073
2006	0.25	0.147	2015	0.74	0.089
2008	0.44	0.118	2017	0.77	0.083
2011	0.58	0.075	2020	0.75	0.086

　　将火烧迹地植被覆盖度按照表 5 - 2 所列的等级进行划分,得到不同年份火烧迹地植被覆盖度等级图(见图 5 - 6)。对不同年份各等级植被覆盖度的面积进行统计(见表 5 - 5),以分析火烧迹地植被覆盖度的细节变化。由图 5 - 6 以及表 5 - 5 可以看出,此次森林火灾面积约为 2140.87 km^2。火烧前(2005 年),中高覆盖度区域面积最大,为 1279.18 km^2,占研究区总面积的 59.75%。其次为中覆盖度区域,面积为 752.43 km^2,占研究区总面积的 35.15%,两者累加共占区域总面积的 94.90%。接下来为高覆盖度区域,面积 93.96 km^2,占研究区总面积的 4.39%。中高覆盖度、中覆盖度、高覆盖度区域三者累加占比达到 99.29%。可见,火烧前研究区植被覆盖度较高,中高覆盖度以上区域面积较大,几乎没有中低覆盖以及低覆盖区域。火灾发生后(2006 年),面积最大的为低覆盖

度区域,面积达 1152. 78 km² ,占研究区总面积的 53. 85%。其次为中低覆盖度区域,面积为 575. 19 km² ,占研究区总面积的 26. 87%。接下来为中覆盖度区域,面积为 387. 83 km² ,占研究区总面积的 18. 12%。三者累加共占研究区总面积的 98. 84%。可以看出,火灾的发生对研究区的植被造成了极大的破坏,火烧迹地的植被覆盖由最初的中高覆盖直接转化为低覆盖居多。火灾发生后两年,植被开始逐渐恢复。低覆盖度区域面积迅速减少,降低到 58. 06 km² ,占研究区总面积的 2. 71%。中覆盖度区域增加明显,面积达到 973. 80 km² ,占研究区总面积的 45. 49%。其次为中低覆盖度区域,面积增加到 873. 71 km² ,占研究区总面积的 40. 81%。中高覆盖度以及高覆盖度区域也有一定程度增加,面积分别为 220. 75 km² 和 14. 55 km² ,占研究区总面积的 10. 31% 和 0. 68%。经过两年的恢复,植被生长效果明显,但与火烧前还存在一定差距。到 2011 年,中低覆盖度以及低覆盖度面积已经非常少,接近火烧前的水平,占比分别为 0. 47% 和 0. 01%。研究区植被覆盖以中覆盖度等级以上为主,其中中覆盖度面积最大,达到 1073. 22 km² ,占研究区总面积的 50. 13%。其次为中高覆盖度区域,面积达到 986. 38 km² ,占研究区总面积的 46. 07%。高覆盖度范围也接近火烧前的水平,面积为 71. 10 km² ,占研究区总面积的 1. 85%。经过五年的恢复,火烧迹地中低以及低等级植被覆盖度已经接近火烧前的状态,但中高覆盖度以及高覆盖度还存在一定差异。2013 年的植被覆盖度与 2011 年趋势相同,并略微有所波动下降,但同样表现为中覆盖度等级以上占比最多。到 2015 年,火烧迹地植被覆盖度明显转好,甚至好于火烧前的状态。高覆盖度面积达 940. 14 km² ,占研究区总面积的 43. 91%。中高覆盖度面积达 1082. 16 km² ,占研究区总面积的 50. 55%,两者累加共占研究区总面积的 94. 46%。之后的 2017 年以及 2020 年,均为高覆盖度面积占比最大,分别为 65. 63% 和 50. 79%;其次为中高覆盖度区域,占比分别达到 31. 37% 和 45. 56%。

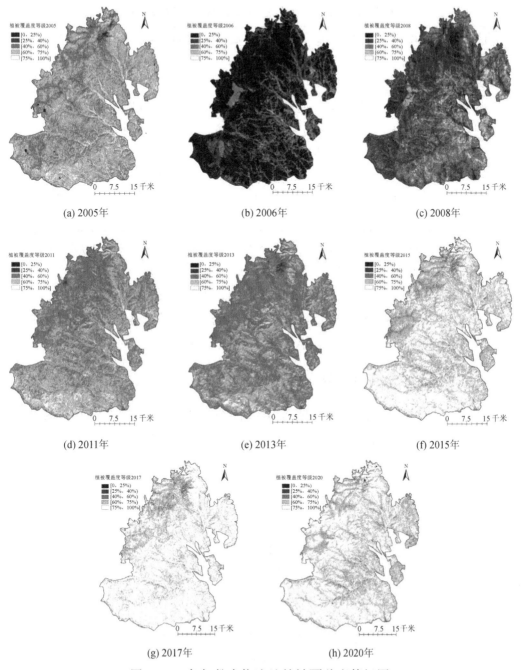

图 5 - 6 各年份火烧迹地植被覆盖度等级图

表 5 – 5　各年份火烧迹地植被覆盖度等级面积

年份	高覆盖度/km²	中高覆盖度/km²	中覆盖度/km²	中低覆盖度/km²	低覆盖度/km²
2005	93.96	1279.18	752.43	11.96	3.34
2006	1.24	23.83	387.83	575.19	1152.78
2008	14.55	220.75	973.80	873.71	58.06
2011	71.10	986.38	1073.22	9.99	0.18
2013	39.68	680.35	1403.56	17.00	0.28
2015	940.14	1082.16	111.70	1.42	5.45
2017	1405.09	671.51	61.01	1.42	1.84
2020	1087.32	975.41	70.73	1.37	6.04

综上可以看出,火灾造成研究区植被严重破坏,植被覆盖度等级直接降低到以低覆盖度为主。火灾后植被开始缓慢恢复,经过七年左右的时间,各植被覆盖等级大致恢复到火烧前的状态。但由于火灾造成火烧迹地植被类型和结构的改变,在随后的时间里,植被覆盖度仍在增加,超过火烧前的水平,并在 2017 年左右达到稳定状态。

5.3.2　植被恢复指数变化特征

按照前述公式对火烧迹地各年份植被绝对恢复指数(ARI)和相对恢复指数(RRI)进行计算,由于两者量纲不同,为方便比较,在此对计算结果进行归一化处理,得到图 5 – 7。

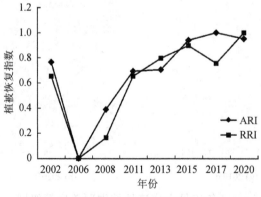

图 5 – 7　火烧迹地植被恢复指数年际变化

从绝对恢复指数来看,火烧前 ARI 值为 0.76,火烧后为 0,到 2008 年增加到 0.39,2011 年增加到 0.69,2013 年增加到 0.71,接近火烧前的水平,但仍低于火烧前水平;2015 年增加到 0.95,已远高于火烧前的数值,之后基本稳定,均保持在 0.95 以上。从恢复速度来看,前两年的植被恢复较快,之后恢复速度减慢。

从相对恢复指数来看,火烧前 RRI 值为 0.65,火烧后为 0,到 2008 年恢复到 0.16,2011 年增加到 0.65,与火烧前基本持平;2013 年之后仍继续增加,且已高于火烧前的数值,但各年份之间差异较大。

综合来看,火灾发生后,绝对恢复指数要经过 7~8 年左右的时间才能恢复到火烧前的状态,而相对恢复指数 5 年即可恢复到火烧前的状态。

按照 ARI 指数的高低,将植被恢复速度划分为无恢复、中等恢复以及基本恢复三个等级,对各年份每个等级的面积进行统计,具体见表 5-6。

表 5-6　火烧迹地各等级 ARI 面积及占比

ARI	2008 年		2011 年		2013 年	
	面积/km²	占比/%	面积/km²	占比/%	面积/km²	占比/%
无恢复	219.91	10.27	0.10	0.00	0.07	0.00
中等恢复	1773.80	82.85	1401.99	65.49	1701.91	69.50
基本恢复	147.16	6.88	738.78	34.51	438.89	30.50

ARI	2015 年		2017 年		2020 年	
	面积/km²	占比/%	面积/km²	占比/%	面积/km²	占比/%
无恢复	0.00	0.00	1.18	0.06	0.70	0.03
中等恢复	95.49	4.46	17.84	0.83	94.68	4.43
基本恢复	2045.28	95.54	2121.75	99.11	2045.38	95.54

由表 5-6 可以看出,在早期的植被再生过程中,中等恢复速度面积最大,占比最多,占火烧迹地总面积的 82.85%;其次为无恢复区域面积,占比为 10.27%;基本恢复面积最小,占比仅有 6.88%。到 2011 年,无恢复区域已几乎消失,中等恢复面积减小,占比降为 65.49%,但仍为面积占比最大的类型;基本恢复面积增加,占比达到 34.51%。2013 年与 2011 年的状态相似。2015 年,基本恢复面积继续扩大,占比已达到

95.54%,仅有 4.46% 的范围属于中等恢复状态。之后的 2017 年以及 2020 年与 2015 年状态相似,植被已基本保持稳定。从 ARI 来看,到 2015 年,经过 9 年左右的恢复,植被覆盖度可以再生长到火灾发生前的状态。

按照 RRI 指数的高低,将植被恢复速度划分为无恢复、中等恢复以及基本恢复三个等级,对各年份每个等级的面积进行统计,具体见表 5-7。

表 5-7 火烧迹地各等级 RRI 面积及占比

RRI	2008 年		2011 年		2013 年	
	面积/km²	占比/%	面积/km²	占比/%	面积/km²	占比/%
无恢复	1931.01	90.20	233.65	10.91	85.98	4.02
中等恢复	198.95	9.29	1450.97	67.78	1438.07	67.17
基本恢复	10.81	0.51	456.24	21.31	616.72	28.81

RRI	2015 年		2017 年		2020 年	
	面积/km²	占比/%	面积/km²	占比/%	面积/km²	占比/%
无恢复	32.83	1.53	14.13	0.66	6.41	0.30
中等恢复	682.74	31.89	197.43	9.22	295.57	13.81
基本恢复	1425.20	66.58	1929.21	90.12	1838.79	85.89

由表 5-7 可以看出,在植被开始再生的前两年中,无恢复面积占比最大,达到 90.20%;其次为中等恢复,占比为 9.29%;基本恢复区域较少,仅占总面积的 0.51%。较之 2008 年,2011 年植被的改变状态较大。无恢复区域面积显著减少,仅占总面积的 10.91%;中等恢复面积增加最为明显,由 198.95 km² 增加到 1450.97 km²,占比也增加到 67.78%;基本恢复面积也较大幅度增加,占比达到 21.31%。2013 年,植被状态持续向好,无恢复区域减少到 85.98 km²,中等恢复区域面积与 2011 年基本相近,基本恢复区域增加到 616.72 km²。2015 年基本恢复面积首次占比达到最大,为 66.58%;其次为中等恢复面积,占比为 31.89%;无恢复区域占比仅为 1.53%。2017 年,基本恢复区域面积占比超过 90%,中等恢复以及无恢复区域面积继续减少。从 RRI 来看,到 2017 年,经过 11 年左右的时间,90% 以上的植被恢复到与邻近区域相同的状态。

5.3.3　不同火烧强度下的植被覆盖度变化

对各年份不同火烧强度下的植被覆盖度均值进行统计,得到表
5-8。由表5-8可以看出,不同火烧强度下,植被覆盖度的恢复时间略
有差异。轻度火烧下,火灾造成植被覆盖度降低较小,由火烧前的0.65
下降到火烧后的0.44,经过2年左右的恢复,到2008年,平均植被覆盖
度达到0.59,接近火烧前的水平。之后的2011年以及2013年保持稳
定。到2015年又发生一定程度的增加,之后再度保持稳定。较之轻度
火烧,中度条件下造成的植被覆盖度下降明显,由最初的0.62下降到火
烧后的0.25,之后开始逐渐恢复。到2011年大致接近火烧前的水平。
重度火烧造成的破坏最大,植被覆盖度由0.61下降到0.10。植被恢复
年限与中度火烧相似,到2011年接近恢复到火烧前的水平,但仍略低于
火烧前的水平。

表5-8　不同火烧强度下的植被覆盖度

火烧强度	年份							
	2005	2006	2008	2011	2013	2015	2017	2020
轻度	0.65	0.44	0.59	0.61	0.58	0.72	0.78	0.71
中度	0.62	0.25	0.44	0.61	0.58	0.75	0.79	0.76
重度	0.61	0.10	0.37	0.58	0.57	0.74	0.76	0.78

从恢复速度来看,轻度火烧在火灾后的前2年恢复较快,植被覆盖
度涨幅较大。中度火烧在火灾发生后的5年恢复较快,且恢复速度大致
相同,表现为2006—2008年植被覆盖度增加0.19,2008—2011年植被
覆盖度增加0.17,之后速度变小。重度火烧在火灾发生后2年增幅最
为明显,由0.10增加到0.37,增幅达0.27。之后,2008—2011年增幅依
然较大,由0.37增加到0.58,增幅达0.21。

5.3.4　不同植被类型的植被覆盖度变化

研究区植被类型主要包括林地、疏林地以及草地,对不同类型下的
植被覆盖度恢复过程进行计算,得到表5-9。由表5-9可以看出,火灾
的发生对于林地的破坏最大,植被覆盖度由0.65下降到0.24,降幅达

0.41。之后植被开始缓慢恢复,到 2013 年仍未达到火烧前的水平。疏林地的降幅也较大,植被覆盖度由 0.55 下降到 0.18,降幅达 0.37,之后到 2013 年恢复到接近火烧前的水平。火灾造成草地的植被覆盖度降幅最小,由 0.58 下降为 0.29,降幅为 0.29。到 2011 年,经过 5 年的恢复,已经超过火烧前的水平。

表 5 – 9　不同植被类型植被覆盖度变化

植被类型	年份							
	2005	2006	2008	2011	2013	2015	2017	2020
林地	0.65	0.24	0.48	0.59	0.58	0.73	0.78	0.76
草地	0.58	0.29	0.39	0.63	0.59	0.77	0.79	0.77
疏林地	0.55	0.18	0.36	0.55	0.53	0.69	0.71	0.71

从恢复速度来看,林地的恢复速度逐渐减缓。2006—2008 年,植被覆盖度由 0.24 增加到 0.48,涨幅为 0.24。之后涨幅减小,2008—2011 年涨幅为 0.11,2011—2015 年涨幅为 0.14。草地的恢复速度表现出相反的趋势,开始增长较缓,而后期增长较快,2006—2008 年涨幅为 0.10,2008—2011 年为 0.24。疏林地的植被覆盖度变化相对平稳,2006—2008 年涨幅为 0.18,2008—2011 年涨幅为 0.19,恢复速度大致相同。

5.3.5　不同地形的植被覆盖度变化

对于地形因子,分别探讨不同海拔、坡度、坡向下的植被覆盖度恢复过程。

1.海拔

在此对已处理好的 DEM 数据进行重分类。研究区海拔高度介于 384 米至 1050 米之间,以 200 米作为分类间距获取 4 个高程带,分别为:384≤H<500 米,500≤H<700 米,700≤H<900 米,H≥900 米。对每个海拔高程带范围内的植被覆盖度均值进行统计,得到表 5 – 10。由表 5 – 10 可以看出,火灾对不同海拔高度的植被覆盖度均造成了极大的破坏。火烧前,H≥900 米的植被覆盖度较低,其他高程带植被覆盖度接近。火烧后,所有高程带的植被覆盖度均相差不大。相对来说,火灾

对于 900 米以上的高海拔地区造成的植被覆盖度减少幅度较小。到 2008 年,低海拔地区(384≤H<500 米以及 500≤H<700 米)植被覆盖度恢复较快,已经恢复到 0.45 左右,而高海拔地区(700≤H<900 米以及 H≥900 米)植被恢复相对较缓,植被覆盖度值均在 0.35 以上。到 2011 年,低海拔地区植被覆盖度已基本恢复到火烧前的水平,而高海拔区域仍处于恢复过程中,未达到火烧前的状态。2013 年与 2011 年的特征相似。到 2015 年,所有海拔区域植被覆盖度已超过火烧前的状态,并在之后的 2017 年以及 2020 年保持稳定的状态。

表 5-10　不同高程带平均植被覆盖度年际变化

海拔高度/米	年份							
	2005	2006	2008	2011	2013	2015	2017	2020
384≤H<500	0.64	0.14	0.45	0.62	0.58	0.73	0.78	0.73
500≤H<700	0.62	0.13	0.44	0.60	0.59	0.74	0.78	0.76
700≤H<900	0.61	0.14	0.39	0.56	0.55	0.72	0.74	0.76
H≥900	0.53	0.14	0.35	0.49	0.48	0.63	0.63	0.68

综合来看,火灾对于植被的破坏在一定程度上受海拔的影响,表现为高海拔区域植被覆盖度降低较小。对于火烧后的植被恢复过程来看,低海拔区域恢复较快,经过 5 年左右的时间可恢复到火烧前的状态,而高海拔区域恢复过程较慢,需要 7~9 年才能恢复到火烧前的状态。

2. 坡度

在此利用 DEM 数据提取研究区的坡度信息。研究区的坡度范围为 0~60°。依据临界值坡度分级法以及研究区的实际情况,将研究区火烧迹地的坡度重分类为 6 级,即 0~5°为平坡,6°~15°为缓坡,16°~25°为斜坡,26°~35°为陡坡,36°~45°为急坡,46°以上为险坡。按照坡度等级对研究区不同年份的平均植被覆盖度进行统计,得到表 5-11。

表 5-11　不同坡度平均植被覆盖度年际变化

坡度	年份							
	2005	2006	2008	2011	2013	2015	2017	2020
平坡	0.63	0.27	0.43	0.60	0.57	0.74	0.78	0.75

坡度	年份							
	2005	2006	2008	2011	2013	2015	2017	2020
缓坡	0.62	0.25	0.44	0.60	0.58	0.74	0.78	0.75
斜坡	0.62	0.23	0.45	0.58	0.58	0.74	0.78	0.76
陡坡	0.61	0.22	0.46	0.59	0.58	0.72	0.76	0.75
急坡	0.61	0.24	0.46	0.58	0.57	0.70	0.75	0.73
险坡	0.61	0.23	0.45	0.55	0.56	0.67	0.71	0.71

由表 5-11 可以看出，火灾发生前，坡度对于研究区植被覆盖度的影响较小，各坡度等级下，植被覆盖度均值范围为 0.61～0.63，差异很小。平坡植被覆盖度均值最大，为 0.63；坡度较高地区植被覆盖度均值较小，为 0.61。火灾发生后，不同坡度等级植被覆盖度均受到强烈影响，下降幅度为 0.36～0.39，差异较小。斜坡和陡坡植被覆盖度均值下降最多，为 0.39；平坡植被覆盖度下降最小，为 0.36。从植被恢复过程来看，到 2008 年，各坡度等级下的植被覆盖度为 0.43～0.46，增长幅度为 0.16～0.24。其中，陡坡增长幅度最大，为 0.24；平坡增长幅度最小，为 0.16。较之 2008 年，2011 年植被覆盖度的恢复速度减缓，增长幅度为 0.10～0.17；平坡增长幅度最大，为 0.17；险坡增长幅度最小，为 0.10。其中，平坡和缓坡已接近火烧前的数值。而高坡度区域，如险坡，较之火烧前的数值还存在一定差距。2013 年，各坡度等级植被覆盖度均值差异减小。到 2015 年，各坡度等级植被覆盖度均已超过火烧前的状态，并在 2017 年以及 2020 年保持相对稳定的状态。

对于坡度因子来说，火灾对植被的破坏程度大致相同。在植被恢复过程中，坡度较缓地区经过 5 年左右的恢复期，可以大致恢复到火烧前的状态，而坡度较高区域需要更长的恢复时间。

3. 坡向

在此利用 DEM 数据进行坡向数据的计算，并将坡向划分为 8 个朝向，即 0～22.5°和 337.5°～360°为正北，22.5°～67.5°为东北，67.5°～112.5°为正东，112.5°～157.5°为东南，157.5°～202.5°为正南，202.5°～247.5°为西南，247.5°～292.5°为正西，292.5°～337.5°为西北。同时，

对不同坡向等级下的植被覆盖度年际变化进行统计,得到表 5-12。

表 5-12　不同坡向植被覆盖度年际变化

坡向	年份							
	2005	2006	2008	2011	2013	2015	2017	2020
正北	0.61	0.25	0.43	0.58	0.56	0.72	0.76	0.73
东北	0.62	0.26	0.44	0.59	0.57	0.73	0.77	0.74
正东	0.63	0.26	0.45	0.61	0.58	0.74	0.79	0.76
东南	0.64	0.26	0.45	0.61	0.59	0.76	0.79	0.77
正南	0.64	0.26	0.44	0.62	0.60	0.76	0.79	0.78
西南	0.63	0.25	0.43	0.61	0.58	0.75	0.78	0.76
正西	0.61	0.25	0.42	0.60	0.57	0.73	0.77	0.74
西北	0.60	0.25	0.42	0.58	0.55	0.71	0.76	0.72

由表 5-12 可以看出,坡向对于研究区植被覆盖度的影响也较小。各坡向下,火灾发生前植被覆盖度均值为 0.60~0.64,西北和正西、正北植被覆盖度较低,东南和正南植被覆盖度较高。火灾发生后,各坡向植被覆盖度几乎没有差异,均为 0.25 或者 0.26。较之火烧前,下降幅度范围为 0.35~0.38,且偏南方向减少最多,偏北方向下降幅度较小。从植被恢复情况来看,2008 年,各坡向植被覆盖度为 0.42~0.45,同样表现为偏东、偏南方向植被覆盖度相对较高,偏西、偏北方向植被覆盖度较低,并且增长幅度也表现出相同的趋势。到 2011 年,各坡向植被覆盖度范围为 0.58~0.62,大致接近火烧前的数值,但仍有较小差异,各坡向植被恢复速度接近。2013 年与 2011 年趋势相同。到 2015 年,各坡向植被覆盖度均高出火烧前水平,范围为 0.71~0.76,同样表现为偏南方向植被覆盖度较高,偏北方向植被覆盖度较低。在之后的 2017 年以及 2020 年,植被覆盖度保持相对稳定的状态。

综合来看,坡向对于植被覆盖度具有一定的影响。不论是火灾发生前还是火灾发生后,均表现为偏南或者偏东的植被覆盖度较高,而偏西或者偏北的植被覆盖度相对较低,但总体差异不大。从恢复速度来看,坡向对于火灾后的植被再生速度并没有太大影响。

5.4　本章小结

本章以砍都河林场特大森林火灾为例,对灾后的植被恢复过程进行了监测,并从火烧强度、植被类型以及地形因子对植被恢复过程的影响等方面进行了分析,研究结果表明:

(1)不论是从植被覆盖度均值,或者各等级植被覆盖度面积来看,火烧迹地经过 7 年左右的恢复时间可以达到火烧前的水平。

(2)从植被恢复指数来看,ARI 的分析表明,经过 9 年左右的恢复,火烧迹地植被可以再生长到火灾发生前的状态;RRI 的分析表明,经过 11 年左右的时间,植被可以恢复到与邻近区域相同的状态。

(3)从不同火烧强度来看,轻度火烧区需要 2 年左右的时间即可接近恢复到火烧前的状态,中度火烧区需要 5 年左右的时间恢复到火烧前的水平,而重度火烧区需要 7 年左右的时间恢复到火烧前的水平。

(4)从植被类型来看,林地、疏林地需要 7~8 年的恢复时间,草地需要 5 年的恢复时间。

(5)从地形特征来看,火烧迹地的海拔、坡度、坡向对植被的恢复生长的影响相对较小。

参考文献

包月梅,孙紫英,赵鹏武,等,2015.基于遥感数据的根河市火烧迹地植被覆盖度时空分析[J].东北林业大学学报,43(11):62 - 69,74.

甘春英,王兮之,李保生,等,2011.连江流域近 18 年来植被覆盖度变化分析[J].地理科学,31(08):1019 - 1024.

李娟,龚纯伟,2011.兰州市南北两山植被覆盖度动态变化遥感监测[J].测绘科学,36(2):175 - 177.

李苗苗,2003.植被覆盖度的遥感估算方法研究[D].北京:中国科学院研究生院(遥感应用研究所).

苏伟,孙中平,李道亮,等,2009.基于多时相 Landsat 遥感影像的海州露天煤矿排土场植被时空特征分析[J].生态学报,29(11):5860-5868.

孙桂芬,2018.森林火烧迹地识别及植被恢复卫星遥感监测方法[D].北京:中国林业科学研究院.

孙红,田昕,闫敏,等,2018.内蒙古大兴安岭根河植被覆盖度动态变化及影响因素的分析[J].遥感技术与应用,33(06):1159-1169.

王爱爱,臧淑英,王翠珍,等,2017.重建NDVI时间序列及火后森林恢复时空动态分析[J].哈尔滨师范大学(自然科学学报),33(04):54-61.

王冰,张金钰,孟勐,等,2021.基于EVI的大兴安岭火烧迹地植被恢复特征研究[J].林业科学研究,34(02):32-41.

王博,2020.河北辽河源自然保护区油松林火烧迹地植被恢复研究[D].北京:北京林业大学.

吴超,徐伟恒,肖池伟,等,2021.滇中地区典型火烧迹地恢复率动态变化及其影响因子[J].资源科学,43(12):2465-2474.

杨芳健,2020.大兴安岭火烧迹地植被恢复特征研究[D].呼和浩特:内蒙古农业大学.

杨胜天,刘昌明,杨志峰,等,2002.南水北调西线调水工程区的自然生态环境评价[J].地理学报(01):11-18.

袁昊,陈宏伟,齐麟,等,2019.基于landsat影像大兴安岭地区林火烈度时空格局分析[J].林业资源管理(06):91-96,114.

BELDA F,MELIA J,2000. Relationships between climatic parameters and forest vegetation:Application to burned area in Alicante (Spain) [J]. Forest Ecology and Management(135):195-204.

BERTOLETTE D,SPOTSKEY D,2001. Remotely sensed burn severity mapping[C]// Crossing Boundaries in Park Management:Proceeding of the 11th Conference on research and Resource Management in Parks and on Public Lands,The George Wright Socieyt.

CALVOT L,TARREGA R,LUIS E,2002. The dynamics of Mediterranean shrubs species over 12 years following perturbations[J]. Plant Ecology(160):25-42.

CHAFER C J,NOONAN M,MACNAUGHT E,2004. The post-fire

measurement of fire severity and intensity in the Christmas 2001 Sydney wildfires[J]. International Journal of Wildland Fire, 13(2): 227 – 240.

DASKALAKOU E N, THANOS C A, 2004. Postfire regeneration of Aleppo pine-The temporal pattern of seeding recruitment[J]. Plant Ecology(171): 81 – 89.

DE LUIS M, GARCIA-CANO M, CORTINA J, et al, 2001. Climatic trends, disturbances and short-term vegetation dynamics in a Mediterranean shrubland[J]. Forest Ecology and Management(147): 25 – 37.

DUBININ M, POTAPOV P, LUSHCHEKINA A, et al, 2010. Reconstructing long time series of burned areas in arid grasslands of southern Russia by satellite remote sensing[J]. Remote Sensing of Environment, 114(8): 1638 – 1648.

FERNANDEZ-MANSO A, QUINTANO C, ROBERTS D A, 2016. Burn severity influence on post-fire vegetation cover resilience from Landsat MESMA fraction images time series in Mediterranean forest ecosystems[J]. Remote Sensing of Environment(184): 112 – 123.

GITELSON A A, KAUFMAN Y J, STARK R, et al, 2002. Novel algorithms for remote estimation of vegetation fraction[J]. Remote Sensing of Environment, 80(1): 76 – 87.

KAZANIS D, ARIANOUTSOU M, 2004. Long-term post-fire vegetation dynamics in Pinus halepensis forests of cectral Greece: A functional-group approach[J]. Plant Ecology(171): 101 – 121.

MITRI G, GITAS I Z, 2010. Mapping postfire vegetation recovery using EO – 1 Hyperion imagery[J]. IEEE Transactions on Geoscience and Remote Sensing(48): 1613 – 1618.

PAUSAS J, CARBO E, CATURLA R, et al, 1999. Post-fire regeneration patterns in the eastern Iberian Peninsula[J]. Acta Oecologica (20): 499 – 508.

RODER A, HILL J, DUGUY B, et al, 2008. Using long time series of landsat data to monitor fire events and post-fire dynamics and identify driving factors. A case study in the Ayora region (eastern Spain) [J]. Remote Sensing of Environment(112)：259 - 273.

TARREGA R，LUIS-CALABUIG E，VALBUENA L，2001. Eleven years of recovery dynamic after experimental burning and cutting in two Cistus communities[J]. Acta Oecologica(22)：277 - 283.

VAN DE VOORDE T，VLAEMINCK J，CANTERS F，2008. Comparing different approaches for mapping urban vegetation cover from Landsat ETM＋ data：A case study on Brussels[J]. Sensors，8(6)：3880 - 3902.

第 6 章 不同遥感数据的林火污染物排放估算对比

火灾是全球森林生态系统最为重要的扰动因素之一（Ba et al.，2019；Kelly et al.，2017）。火灾的发生一方面对植被生态系统产生重要的影响（Qiu et al.，2021），另一方面燃烧过程中产生的各种污染排放物也会对大气成分及结构产生影响（Chuvieco et al.，2019）。由森林火灾所导致的大气痕量气体和颗粒物的排放称为林火污染物排放，主要包括二氧化碳（CO_2）、一氧化碳（CO）、甲烷（CH_4）、氮氧化物（NO_x）、二氧化硫（SO_2）、黑炭（BC）、有机碳（OC）以及颗粒物（$PM_{2.5}$和PM_{10}）等。研究表明，全球年均火灾面积约 3.8×10^8 公顷，占地表总面积的 3%（Forkel et al.，2019；Giglio et al.，2013）。由火灾带来的污染物排放已经成为全球大气污染物的重要来源之一，如由生物质燃烧带来的一氧化碳排放占全球总排放的 40%，含碳气溶胶占 35%，氮氧化物占 20%（Langmann et al.，2009）。此外，燃烧过程中产生的挥发性有机物、大气细颗粒物、有机碳等不仅对大气能见度、大气成分产生影响，甚至对气候变化以及人类健康产生重要作用（Qiu et al.，2016）。因此，估算自然野火带来的污染物排放对于研究大气化学过程、气候变化等具有重要意义。

火灾排放物的估算方法可以大致分为自上而下和自下而上两种，前者通过对火灾发生时某种气体浓度的变化进行总量估算，后者则通过对植被燃烧过程中各影响因子进行量化以计算排放总量（杨伟 等，2018）。目前的火灾排放物估算研究中，自下而上的方法应用更为广泛（Koplitz et al.，2018；Urbanski et al.，2018）。自下而上的方法共涉及 4 种影响因子，其中排放因子可由实验室测定，火烧面积、可燃物载量及燃烧效率均可由遥感数据进行估算，且估算精度的高低将直接影响火灾排放物估算精度的高低。由于空间分辨率的差异，不同遥感数据在进行相关参数反演时存在尺度效应，空间分辨率越低，遥感数据在特征提取、空间格局分析等方面的精度也越低(张毅 等,2015;Lázaro et al.,2013;王苗苗 等,2016;高江波 等,2013)。在自下而上的排放模型中,污染物排放量的确定依赖于各参数的估算。不同分辨率遥感数据的应用,将可能导致排放参数估算存在一定差异,进而导致不同污染物排放量估算结果的差异。目前来看,关于不同分辨率遥感数据对火灾污染物排放估算结果的影响研究还相对较少,且已有的研究主要集中于对空间分辨率对火烧面积的影响而导致的污染物排放量差异进行分析(高浩 等,2017),缺少对空间分辨率对可燃物载量及燃烧效率的影响分析,而后两者也是影响排放总量的关键因素。

基于此,本研究以北大河林场特大森林火灾为研究对象,分别基于10 米分辨率哨兵 2 号影像,30 米分辨率 Landsat OLI 影像以及 500 米分辨率 MODIS 影像,对火烧面积、可燃物载量及燃烧效率进行估算,比较由于空间分辨率的差异所带来的估算误差,进而采用自下而上的火灾排放物估算模型,对空间分辨率差异所导致的排放物估算误差进行评价,为深入认识火灾污染物排放遥感估算研究中的尺度效应提供参考依据。

6.1　案例火灾

北大河林场地处大兴安岭地区东南坡,气候类型为寒温带大陆性季风气候,地处寒温带针叶林和阔叶林的过渡地带,植被类型繁多。本章选取 2017 年 5 月 2 日至 5 月 10 日发生于内蒙古大兴安岭毕拉河林业局北大河林场的特大森林火灾作为案例火灾。此次森林火灾过火面积大,植被类型多样,对于火灾污染物排放估算研究具有一定的代表性。北大河林场具体介绍见第 3 章。

6.2　数据与方法

6.2.1　数据来源

为对比不同尺度下的火灾污染物排放,本章选择了三种不同分辨率遥感数据,分别为 10 米分辨率哨兵 2 号遥感数据、30 米分辨率 Landsat

OLI 数据，以及 500 米分辨率 MODIS 数据（MOD09GA），时间均为 2017 年 5 月 25 日，天气晴朗，数据质量良好。由于火烧前的数据质量较差，云覆盖较多，故本章研究采用同时期的 2016 年影像予以替代。

6.2.2 排放模型

本章选择自下而上的排放模型进行森林火灾污染物排放估算，该模型由 Seiler 和 Crutzen 于 1980 年提出（Seiler et al.，1980），是目前林火污染物排放估算的基础模型（Lohberger et al.，2018；靳全锋 等，2017；杨夏捷 等，2018）。其计算方式如下：

$$E_i = \mathrm{BA} \times \mathrm{FL} \times \mathrm{CE} \times \mathrm{EF}_i \qquad (6-1)$$

式中，E_i 为第 i 种痕量气体或者颗粒物的排放量；BA（burned area）为火烧迹地面积（m^2）；FL（fuel load）为可燃物载量（kg/m^2），本章采用地上干物质生物量密度；CE（combustion efficiency）为燃烧效率，表示实际燃烧的物质占总质量的比例；EF_i（emission factor）为第 i 种痕量气体或者颗粒物的排放因子，代表单位物质燃烧对于某类污染物的排放量（g/kg）。

6.2.3 火烧迹地

火烧迹地为森林火灾过火区域，能够提供火灾发生的位置、时间、面积及空间范围等信息，为进一步确定燃烧物类别及可燃物载量等提供辅助信息，成为火灾排放物估算的基础数据（武晋雯 等，2020）。目前，遥感技术是提取火烧迹地的主要手段（Mouillot et al.，2014）。本章基于光谱指数法进行火烧迹地提取，分别计算火灾发生前后的 GEMI 以及 BAI，通过比较 GEMI 及 BAI 的变化进行火烧迹地提取。火灾发生前后，GEMI 显著下降，而 BAI 显著增加，两者结合能够有效地对火烧迹地进行提取。GEMI 及 BAI 的计算方式见第 3 章。

本章采用阈值法进行火烧迹地提取，判别流程如下：

首先，为确保判别区域为植被覆盖，火灾发生前 GEMI 必须大于一定阈值（杨伟 等，2015），GEMI 的阈值设定如下：

$$\mathrm{GEMI}_{pre} > 0.17 \qquad (6-2)$$

然后，判断火灾发生前后两种光谱指数的变化范围，公式如下：

$$GEMI_{pre} - GEMI_{post} > \varepsilon_1 \qquad (6-3)$$

$$BAI_{post} - BAI_{pre} > \varepsilon_2 \qquad (6-4)$$

式中,post 代表火灾发生之后;pre 代表火灾发生前;ε_1 及 ε_2 为阈值。为避免主观设定阈值所带来的潜在误差,在此采用自适应阈值法进行阈值设定(王蕊 等,2019),并针对不同分辨率遥感数据分别设定阈值。

6.2.4　可燃物载量

已有的林火污染物排放研究中,基于土地覆盖类型确定可燃物载量是最常用的方法,本章也采用此种方法来给定火烧区可燃物载量。基于遥感数据,采用决策树分类的方法获取研究区的土地覆盖类型。同时,参照 1∶100 万中国植被功能分区图以及已有的土地覆盖分类数据(全球 30 米地表覆盖精细分类产品,GLC_FCS30—2020)进行训练样本的选取。采用 CART 算法建立决策树规则,再通过 ENVI 软件分别针对三种遥感数据进行决策树分类,将研究区划分为林地、灌丛、草地和其他四种土地覆盖类型。采用混淆矩阵对三种遥感数据进行精度验证,分类精度分别为 93.23%、92.36% 以及 91.28%,Kappa 系数分别为 0.94、0.92 以及 0.91,精度满足应用需求。

根据已有文献(方精云 等,1996;胡会峰 等,2006;朴世龙 等,2004;Qiu et al.,2016),给定研究区各土地覆盖类型的可燃物载量,其中林地为 9.49 kg/m²,灌丛为 6.94 kg/m²,草地为 1.31 kg/m²。

6.2.5　燃烧效率

燃烧效率的影响因素较多。研究表明,燃烧效率与火烧强度具有高度的相关性(Fernández-garcía et al.,2018)。火烧强度可以通过火烧前后生态系统的变化程度进行衡量(Jain et al.,2004)。因此,本章通过计算火烧前后的植被覆盖度变化程度(dFVC)来表征火烧强度。植被覆盖度的计算公式如下:

$$FVC = \frac{NDVI - NDVI_{min}}{NDVI_{max} - NDVI_{min}} \qquad (6-5)$$

式中,NDVI 为归一化植被指数;$NDVI_{min}$ 和 $NDVI_{max}$ 代表区域内 NDVI

最小值和最大值,以 $5\%\sim95\%$ 置信区间截取 NDVI 的上、下限阈值分别作为 NDVI 最小值和最大值。

NDVI 和 dFVC 的计算公式如下:

$$NDVI = \frac{\rho_{nir} - \rho_{red}}{\rho_{nir} + \rho_{red}} \tag{6-6}$$

$$dFVC = FVC_{post} - FVC_{pre} \tag{6-7}$$

式中,ρ_{nir} 为近红外波段;ρ_{red} 为红光波段。

本章将 dFVC 划分为低、中、高三个等级,表征轻度燃烧、中度燃烧以及重度燃烧。接着依据已有文献(De Santis et al.,2010),对于不同植被类型,分别赋予不同燃烧强度相应的燃烧效率(见表 6-1)。

表 6-1　不同植被类型不同燃烧强度下的燃烧效率值

燃烧强度	燃烧效率		
	林地	灌丛	草地
轻度燃烧	0.25	0.71	0.83
中度燃烧	0.44	0.84	0.9
重度燃烧	0.61	0.95	0.98

6.2.6　排放因子

排放因子为单位干物质燃烧所释放的污染物的量。本章依据已有研究成果(Akagi et al.,2011;Van der Werf et al.,2010),针对不同土地覆被类型建立了 11 种污染物的排放因子参数表(见表 6-2),包括 CO、CH_4、NO_x、NMVOC、SO_2、NH_3、$PM_{2.5}$、PM_{10}、OC(有机碳)、BC(黑炭),以及 CO_2。土地覆盖类型为水体和其他的区域,排放因子设定为 0。

表 6-2　不同植被类型排放因子

土地覆盖类型	排放因子/(g/kg)										
	CO	CH_4	NO_x	NMVOC	SO_2	NH_3	$PM_{2.5}$	PM_{10}	OC	BC	CO_2
林地	106.4	5.4	2.0	21.0	0.9	2.2	12.5	17.8	7.7	0.4	1590.2
灌丛	68.0	1.5	2.8	4.8	0.7	1.2	9.3	13.3	6.6	0.5	1716.0
草地	59.0	2.6	3.9	9.3	0.5	0.5	5.4	7.7	2.6	0.4	1692.0

6.3　结果比较与分析

6.3.1　火烧迹地提取结果比较

本章基于三种不同空间分辨率遥感卫星数据,分别对北大河林场森林火灾火烧迹地进行了提取。结果显示,10 米、30 米、500 米分辨率遥感数据提取的火烧迹地面积分别为 9175.80 公顷、9010.08 公顷、8275.00 公顷,火烧迹地面积随空间分辨率的降低而减少,这一结果与之前的研究成果相似。火烧迹地面积差异范围为 1.81% ~ 9.82%。国家林业和草原局网站数据表明,此次森林火灾火场面积达 1.15 万公顷,以此作为参照,哨兵 2 号数据火烧迹地的提取面积精度为 79.79%,Landsat OLI 的提取精度为 78.35%,MODIS 数据的提取精度为 71.96%。由图 6 - 1 可以看出,火场内部仍存在一定数量的未过火区域(图 6 - 1 火场中心白色部分),因而实际火烧面积应小于 1.15 万公顷。刘树超等(2018)基于实地测量数据及遥感数据对此次森林火灾的受害程度进行了评价,结果表明此次火灾火烧面积为 9929.29 公顷。如以此作为参照,哨兵 2 号的提取精度为 92.41%,Landsat OLI 的提取精度为 90.74%,MODIS 的提取精度为 83.34%。

对比结果(见图 6 - 1)可以看出,三种提取结果在连续的火场范围(如此次火灾的东北部分)差别较小,均能够很好地对火烧范围进行提取。由于 MODIS 数据的空间分辨率较低,其火烧迹地提取结果在火场内部以及火场边缘特征刻画不明晰,且存在较大误差。较之 MODIS 数据,Landsat OLI 数据的空间分辨率有了很大程度的提高,其提取结果已能够较好地反映火场内部及边缘位置的特征。而空间分辨率最高的哨兵 2 号,其火烧迹地提取结果对于火场细节特征的描述最为清晰。受空间分辨率的限制,中低分辨率的遥感数据无法监测面积较小的火烧斑块(刘荣高 等,2013),随着空间分辨率的提高,这一缺陷得到明显改善。

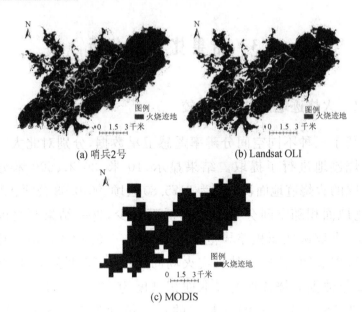

图6-1 不同分辨率火烧迹地提取结果

6.3.2 可燃物载量对比

本章采用 CART 算法分别对三种遥感数据进行土地覆被类型划分,并以此为基础计算不同植被类型可燃物载量。由表 6-3 可以看出,基于哨兵 2 号数据的分类结果,火烧范围内草地面积最大,为 4748.95 公顷,占火烧范围的 51.76%;其次为林地,面积为 4038.53 公顷,占比为 44.01%。基于 Landsat OLI 数据的分类结果同样表现为草地面积最大,为 5190.93 公顷,占比为 57.61%;其次为林地,面积为 3370.68 公顷,占比 37.41%。基于 MODIS 的分类结果与前两者略有差异,表现为林地面积最大,为 4250.00 公顷,占比 51.36%;其次为草地,面积 3575.00 公顷,占比 43.20%。

表 6 - 3　各土地覆被类型面积及其可燃物载量对比

数据类型	林地		灌丛		草地		其他	
	面积/公顷	可燃物载量/吨	面积/公顷	可燃物载量/吨	面积/公顷	可燃物载量/吨	面积/公顷	可燃物载量/吨
哨兵 2 号	4038.53	3.83×10^5	237.12	1.65×10^4	4748.95	6.22×10^4	151.20	0
Landsat OLI	3370.68	3.20×10^5	258.57	1.79×10^4	5190.93	6.80×10^4	189.90	0
10～30 米差异	19.18%	19.69%	8.30%	7.82%	8.51%	8.53%	—	—
MODIS	4250.00	4.03×10^5	275.00	1.91×10^4	3575.00	4.68×10^4	175.00	0
10～500 米差异	4.98%	4.96%	13.77%	13.61%	32.84%	32.91%	—	—
30～500 米差异	20.69%	20.60%	5.97%	6.28%	45.20%	31.18%	—	—

从可燃物载量来看,不同遥感数据的计算结果均表现为相同的趋势,即火烧范围内林地可燃物载量最高,其次为草地,灌丛最低。对于林地可燃物载量,MODIS 数据的计算结果最高,达 4.03×10^5 吨;其次为哨兵 2 号数据的计算结果,为 3.83×10^5 吨,与 MODIS 数据相差 4.96%;Landsat OLI 数据的计算结果最低,为 3.20×10^5 吨,与 MODIS 数据的结果相差 20.60%。对于灌丛可燃物载量,MODIS 数据的计算结果最高,为 1.91×10^4 吨;其次为 Landsat OLI 数据的计算结果,为 1.79×10^4 吨,与 MODIS 数据的计算结果相差 6.28%;哨兵 2 号数据的计算结果最低,为 1.65×10^4 吨,与 MODIS 数据的计算结果相差 13.61%。对于草地可燃物载量,Landsat OLI 数据的计算结果最高,为 6.80×10^4 吨;其次为哨兵 2 号数据的计算结果,为 6.22×10^4 吨,与 Landsat OLI 数据的结果相差 8.53%;MODIS 数据的计算结果最低,为 4.68×10^4 吨,与 Landsat OLI 数据的结果相差 31.18%。由此可见,由于空间分辨率的差异,各遥感数据计算的可燃物载量虽表现出相同的趋势,但存在较大差异。

6.3.3　燃烧强度对比

基于三种分辨率遥感数据,本章分别对火烧范围内的燃烧强度进行了计算(见图 6 - 2、表 6 - 4)。由图 6 - 2、表 6 - 4 可以看出,不同分辨率遥感数据对于燃烧强度的计算存在一定的差异。其中,基于哨兵 2 号数据的计算结果中,轻度燃烧面积最多,达 3411.64 公顷,占其结果总面积的 37.18%;其次为中度燃烧,面积 2987.27 公顷,占比为 32.56%;重度燃烧的面积最小,为 2776.89 公顷,占比为 30.26%。基于 Landsat OLI 数据的计算结果中,中度燃烧的面积最大,达 3531.42 公顷,占其结果总面积的 39.19%;其次为轻度燃烧,面积为 3037.59 公顷,占比为 33.72%;重度燃烧的面积最小,为 2441.07 公顷,占比为 27.09%。基于 MODIS 数据的计算结果中,中度燃烧的面积最大,达 3550.00 公顷,占其结果总面积的 42.90%;其次为轻度燃烧,面积为 3200.00 公顷,占比为 39.67%;重度燃烧的面积最小,为 1525.00 公顷,占比为 18.43%。可见,空间分辨率的不同对于燃烧强度的计算同样存在较大程度的影响。

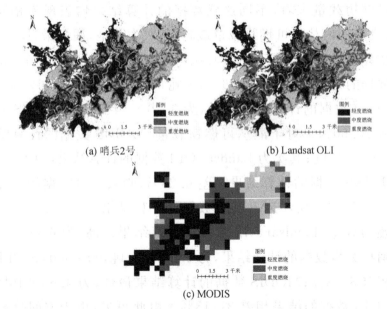

(a) 哨兵2号　　　　　　　　(b) Landsat OLI

(c) MODIS

图 6-2　不同分辨率燃烧强度提取结果

表 6-4　不同燃烧强度面积比较

数据类型	轻度燃烧/公顷	占比/%	中度燃烧/公顷	占比/%	重度燃烧/公顷	占比/%
哨兵2号	3411.64	37.18	2987.27	32.56	2776.89	30.26
Landsat OLI	3037.59	33.72	3531.42	39.19	2441.07	27.09
MODIS	3200.00	39.67	3550.00	42.90	1525.00	18.43

6.3.4　污染物排放对比

依据上述排放计算模型,本章分别对不同分辨率遥感数据的污染物排放量进行了计算,结果如表 6-5 所示。结果显示,此次森林火灾所造成的 CO、CH_4、NO_x、NMVOC、SO_2、NH_3、$PM_{2.5}$、PM_{10}、OC、BC、CO_2 的排放量分别为 $2.22×10^4$～$2.64×10^4$ 吨、$1.08×10^3$～$1.29×10^3$ 吨、$5.56×10^2$～$6.68×10^2$ 吨、$4.15×10^3$～$4.95×10^3$ 吨、$1.90×10^2$～$2.25×10^2$ 吨、$4.27×10^2$～$5.04×10^2$ 吨、$2.57×10^3$～$3.04×10^3$ 吨、$3.66×10^3$～$4.33×10^3$ 吨、$1.57×10^3$～$1.85×10^3$ 吨、$0.95×10^2$～$1.12×10^2$ 吨、$3.76×10^5$～$4.48×10^5$ 吨。当遥感数据的空间分辨率由 10 米降低为 30 米时,各类污染物的排放量差异为 6.42%～14.07%;当遥感数据的空间分辨率由 30 米降低为 500 米时,各类污染物的排放量差异为 1.39%～11.04%;当遥感数据的空间分辨率由 10 米降低到 500 米时,各类污染物的排放量差异为 15.13%～16.76%。MODIS、Landsat OLI、哨兵 2 号三种不同分辨率遥感数据计算的污染物总排放量分别为 $4.13×10^5$ 吨、$4.44×10^5$ 吨以及 $4.92×10^5$ 吨,相对于哨兵 2 号数据的计算结果,Landsat OLI 数据、MODIS 数据的排放量差异分别为 9.76% 及 16.06%。可见,采用低空间分辨率遥感数据进行林火污染物排放估算将导致估算结果偏小。

表 6-5　不同分辨率遥感数据估算污染物排放量对比

数据类型	CO/吨	CH_4/吨	NO_x/吨	NMVOC/吨	SO_2/吨	NH_3/吨
哨兵 2 号	$2.64×10^4$	$1.29×10^3$	$6.68×10^2$	$4.95×10^3$	$2.25×10^2$	$5.04×10^2$
Landsat OLI	$2.32×10^4$	$1.12×10^3$	$6.25×10^2$	$4.29×10^3$	$1.98×10^2$	$4.33×10^2$
10～30 米排放差异	12.12%	13.18%	6.42%	13.33%	12.00%	14.07%
MODIS	$2.22×10^4$	$1.08×10^3$	$5.56×10^2$	$4.15×10^3$	$1.90×10^2$	$4.27×10^2$
10～500 米排放差异	15.91%	16.28%	16.76%	16.16%	15.56%	15.28%
30～500 米排放差异	4.31%	3.57%	11.04%	3.26%	4.04%	1.39%

数据类型	$PM_{2.5}$/吨	PM_{10}/吨	OC/吨	BC/吨	CO_2/吨	排放总量/吨
哨兵 2 号	$3.04×10^3$	$4.33×10^3$	$1.85×10^3$	$1.12×10^2$	$4.48×10^5$	$4.92×10^5$
Landsat OLI	$2.65×10^3$	$3.78×10^3$	$1.61×10^3$	$1.02×10^2$	$4.06×10^5$	$4.44×10^5$

续表

数据类型	$PM_{2.5}$/吨	PM_{10}/吨	OC/吨	BC/吨	CO_2/吨	排放总量/吨
10～30米排放差异	12.83%	12.47%	12.97%	8.93%	9.38%	9.76%
MODIS	2.57×10^3	3.66×10^3	1.57×10^3	0.95×10^2	3.76×10^5	4.13×10^5
10～500米排放差异	15.46%	15.47%	15.13%	15.18%	16.07%	16.06%
30～500米排放差异	3.02%	3.17%	2.48%	6.86%	7.39%	6.98%

以像元为单位对各分辨率下的污染物排放总量进行计算,并按照等间距法将其划分为低排放、中低排放、中高排放以及高排放四个等级,不同分辨率下污染物排放总量空间分布如图 6-3 所示。由图 6-3 可以看出,三种分辨率下污染物排放总量的空间分布特征总体相似,高排放主要集中于火场的东北部,在火场的中部以及西南部以低排放为主,其他排放等级零星分布。从各排放等级面积占比来看(见表 6-6),哨兵 2 号与 Landsat OLI 数据的计算结果表现出相同的趋势,均为低排放>高排放>中高排放>中低排放,MODIS 数据的计算结果为低排放>中高排放>高排放>中低排放。从数量上来看,在哨兵 2 号、Landsat OLI、MODIS 三种数据的计算结果中,低排放的占比均为最高,分别为 53.40%、59.72% 以及 45.32%;中低排放的占比均为最低,分别为 0.55%、2.89% 以及 13.60%。

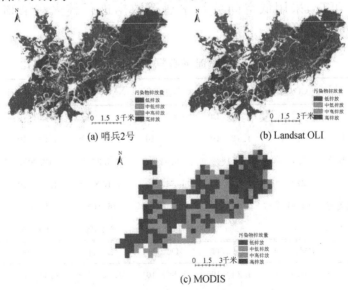

(a) 哨兵2号

(b) Landsat OLI

(c) MODIS

图 6-3 不同分辨率下污染物排放总量空间分布

表 6-6　不同分辨率下各排放等级面积占比

数据类型	低排放		中低排放		中高排放		高排放	
	面积/公顷	占比/%	面积/公顷	占比/%	面积/公顷	占比/%	面积/公顷	占比/%
哨兵 2 号	4900.15	53.40	50.16	0.55	1445.27	15.75	2780.22	30.30
Landsat OLI	5380.74	59.72	260.28	2.89	1235.6	13.71	2133.46	23.68
MODIS	3750	45.32	1125	13.60	2000	24.17	1400	16.91

基于不同分辨率遥感数据,分别对不同植被类型对总排放量的贡献率进行统计,结果如表 6-7 所示。其中,哨兵 2 号数据的计算结果中,林地对各污染物排放量的贡献率为 62.54%～91.07%,对总排放率为 75.02%;灌丛对各污染物排放量的贡献率为 1.50%～6.87%,对总排放量的贡献率为 5.73%;草地对各污染物排放量的贡献率为 5.26%～30.98%,对总排放量的贡献率为 19.25%。Landsat OLI 数据的计算结果中,林地对各污染物排放量的贡献率为 55.85%～88.56%,对总排放量的贡献率为 69.48%;灌丛对各污染物排放量的贡献率为 1.89%～8.31%,对总排放量的贡献率为 6.95%;草地对各污染物排放量的贡献率为 6.76%～36.58%,对总排放量的贡献率为 23.57%。MODIS 数据的计算结果中,林地对各污染物排放量的贡献率为 63.23%～90.59%,对总排放量的贡献率为 75.18%;灌丛对各污染物排放量的贡献率为 1.92%～8.74%,对总排放量的贡献率为 7.32%;草地对各污染物排放量的贡献率为 4.75%～28.42%,对总排放量的贡献率为 17.50%。

表 6-7　不同植被类型污染物排放贡献率对比

数据类型	植被类型	CO/%	CH_4/%	NO_x/%	NMVOC/%	SO_2/%	NH_3/%	$PM_{2.5}$/%	PM_{10}/%	OC/%	BC/%	CO_2/%	排放总量/%
哨兵 2 号	林地	84.16	87.50	62.54	88.54	83.42	91.07	85.85	85.82	87.02	74.26	74.07	75.02
	灌丛	3.98	1.80	6.48	1.50	4.80	3.68	4.73	4.75	5.52	6.87	5.91	5.73
	草地	11.86	10.70	30.98	9.96	11.77	5.26	9.42	9.43	7.46	18.87	20.02	19.25
Landsat OLI	林地	80.12	84.13	55.85	85.41	79.24	88.56	82.16	82.12	83.58	68.64	68.40	69.48
	灌丛	4.96	2.26	7.57	1.89	5.97	4.68	5.92	5.94	6.94	8.31	7.15	6.95
	草地	14.92	13.61	36.58	12.70	14.79	6.76	11.92	11.93	9.48	23.05	24.45	23.57

数据 类型	植被 类型	CO /%	CH_4 /%	NO_x /%	NMVOC /%	SO_2 /%	NH_3 /%	$PM_{2.5}$ /%	PM_{10} /%	OC /%	BC /%	CO_2 /%	排放总 量/%
	林地	84.17	87.94	63.23	89.00	83.24	90.59	85.49	85.46	86.31	74.16	74.24	75.18
MODIS	灌丛	5.07	2.30	8.35	1.92	6.10	4.66	6.00	6.02	6.98	8.74	7.55	7.32
	草地	10.76	9.76	28.42	9.08	10.66	4.75	8.51	8.52	6.72	17.09	18.21	17.50

从总排放量来看,三种数据的计算结果均表现出相同的趋势,即贡献率均表现为林地＞草地＞灌丛,但具体的占比仍存在较大差异。MODIS数据的计算结果中,林地的贡献率最大;其次为基于哨兵2号数据的计算结果;基于Landsat OLI数据的计算结果中,林地的贡献率最小。影响这一结果的最主要因素为土地覆被类型的划分。可见,由分辨率的差异而带来的土地覆被类型划分的差异,对林火污染物排放的估算具有重要影响。

6.4　主要结论及未来研究方向

遥感技术的发展为森林火灾污染物排放估算研究提供了一种有效的手段。在自下而上的排放估算模型中,共包含火烧迹地、可燃物载量、燃烧效率以及排放因子四种影响因素。但由于森林生态系统自身的复杂性和异质性,合理精确地测定这些影响因素存在一定的困难。四种影响因素中,火烧迹地、可燃物载量以及燃烧效率均可以通过遥感的方式进行估算。相较于传统的地面调查方法,遥感虽然更为快速有效,但不同遥感数据特性的差异将对最终的计算结果产生直接的影响。本书针对一次特大森林火灾,分别比较了三种不同分辨率遥感数据在估算火烧迹地、可燃物载量以及燃烧效率时存在的差异,并对最终的污染物排放量差异进行了分析。结果表明,遥感数据的空间分辨率对于林火污染物排放影响因子及其污染物的排放总量均存在显著的影响。

对于火烧迹地来讲,研究表明,不同传感器所提取的火烧迹地面积存在较大差异(Korontzi et al.，2004),且空间分辨率越低造成的误差越大,这与本书的结论相同。但目前来看,多数的火烧迹地数据产品都基于空间分辨率较低的 MODIS 数据产生,如 MCD45A1、MCD64A1 以及 Fire_CCI 等。究其原因,一方面,这些数据产品均为全球尺度,选择空间分辨率更高的遥感数据将大大增加数据的处理量及计算量;另一方面,现有的火烧迹地提取方法对遥感数据的时间分辨率也有一定的要求,而高空间分辨率的遥感数据,如 Landsat OLI、哨兵 2 号数据等时间分辨率相对较低。因此,针对森林火灾高发区域,综合利用多源遥感数据,建立区域尺度下的高精度火烧迹地数据产品将更有利于林火污染物排放的估算研究。本书采用间接制图法进行可燃物载量的估算,即通过划分不同植被类型,分别给定相应的可燃物载量。这一方法虽为目前确定可燃物载量最为常用的方法(Lanorte et al.,2013;Arroyo et al.,2008),但精度仍有一定的限制(吴沁淳 等,2016)。获取更为精确的植被数据,在可燃物载量模型中引入气象要素等环境因子,将有助于进一步提高可燃物载量的遥感反演精度,进而提高污染物排放的估算精度。对于燃烧效率,本书通过将燃烧强度划分为低、中、高三个等级,并以此为基础对燃烧效率进行了赋值。但实际上,不同可燃物类型,不同燃烧强度下,燃烧效率存在很大差异(常禹 等,2015)。目前基于遥感的燃烧效率反演相关研究还相对较少,综合利用野外调查数据以及遥感数据,建立高效准确的燃烧效率遥感反演模型,将为林火污染物排放估算提供更为有效的基础支撑。分辨率是影响林火污染物排放估算精度的重要因素。此外,不同的遥感反演方法也会对林火污染物排放各因子的估算产生影响。未来应针对各影响因子,比较各种遥感反演方法所带来的差异,选择最优算法,为林火污染物排放估算奠定基础。

本章基于三种不同空间分辨率的哨兵 2 号(空间分辨率 10 米)、Landsat OLI(空间分辨率 3 米)和 MODIS(空间分辨率 500 米)卫星遥感数据,对 2017 年 5 月 2 日发生于北大河林场的森林火灾所造成的各类污染物排放量进行了估算,并对由于空间分辨率的差异所带来的估算误差进行了比较。研究结果显示:

(1)高空间分辨率遥感数据能够更为清晰地描述火烧迹地的细节特征,而低空间分辨率遥感数据在提取火烧迹地时存在一定的漏判误差,无法监测小面积火烧斑块。同时,由空间分辨率造成的火烧迹地整体差异范围为 1.81%～9.82%。

（2）不同空间分辨率遥感数据在进行土地覆被类型划分时存在一定的差异，进而导致可燃物载量的不同。林地可燃物载量最大相差20.69%，灌丛最大相差 13.78%，草地最大相差 31.13%。

（3）从各燃烧强度面积来看，重度燃烧的差异范围为 12.93%～45.08%，中度燃烧的差异范围为 18.22%～18.84%，轻度燃烧的差异范围为 6.20%～10.96%。

（4）不论是各类污染排放量，还是污染物总排放量，均表现出空间分辨率越低，排放量估算结果越小的趋势。可见，低空间分辨率遥感数据应用于林火污染物排放估算时，将导致一定程度的潜在误差。

参考文献

常禹,黄文韬,胡远满,等,2015.林火碳排放研究概况及展望[J].生态学杂志,34(10):2922-2929.

方精云,刘国华,徐嵩龄,1996.我国森林植被的生物量和净生产量[J].生态学报(05):497-508.

高浩,张甲珅,郑伟,等,2017.基于不同分辨率卫星数据的林火排放对比研究[J].地理研究,36(05):850-860.

高江波,吴绍洪,蔡运龙,2013.区域植被覆盖的多尺度空间变异性:以贵州喀斯特高原为例[J].地理研究,32(12):2179-2188.

胡会峰,王志恒,刘国华,等,2006.中国主要灌丛植被碳储量[J].植物生态学报(04):539-544.

靳全锋,马祥庆,王文辉,等,2017.中国亚热带地区 2000—2014 年林火排放颗粒物时空动态变化[J].环境科学学报,37(06):2238-2247.

靳全锋,王文辉,马祥庆,等,2017.福建省 2000～2010 年林火排放污染物时空动态变化[J].中国环境科学,37(02):476-485.

刘荣高,祝善友,刘洋,等,2013.加拿大北方森林火烧迹地遥感分析[J].地球信息科学学报,15(4):597-603.

刘树超,陈小中,覃先林,等,2018.内蒙古毕拉河林场森林火灾受害程度遥感评价[J].林业资源管理(01):90－95,140.

朴世龙,方精云,贺金生,等,2004.中国草地植被生物量及其空间分布格局[J].植物生态学报(04):491－498.

王苗苗,周蕾,王绍强,等,2016.空间分辨率对总初级生产力模拟结果差异的影响[J].地理研究,35(04):617－626.

王蕊,王常颖,李劲华,2019.基于数据挖掘的 GF－1 遥感影像绿潮自适应阈值分区智能检测方法研究[J].海洋学报,41(04):131－144.

吴沁淳,陈方,王长林,等,2016.自然火灾碳排放估算模型参数的遥感反演进展[J].遥感学报,20(1):11－26.

武晋雯,孙龙彧,纪瑞鹏,等,2020.火烧迹地信息遥感提取研究进展与展望[J].灾害学,35(04):151－156.

杨伟,姜晓丽,2018.森林火灾火烧迹地遥感信息提取及应用[J].林业科学,54(05):135－142.

杨伟,张树文,姜晓丽,2015.基于 MODIS 时序数据的黑龙江流域火烧迹地提取[J].生态学报,35(17):5866－5873.

杨夏捷,马远帆,彭徐剑,等,2018.南方林区 2000～2016 年林火释放污染物动态变化研究[J].中国环境科学,38(12):4687－4696.

张毅,陈成忠,吴桂平,等,2015.遥感影像空间分辨率变化对湖泊水体提取精度的影响[J].湖泊科学,27(02):335－342.

AKAGI S K, YOKELSON R J, WIEDINMYER C, et al, 2011. Emission factors for open and domestic biomass burning for use in atmospheric models[J]. Atmospheric Chemistry and Physics , 11(9):4039－4072.

ARROYO L A, PASCUAL C, MANZANERA J A, 2008. Fire models and methods to map fuel types: The role of remote sensing[J]. Forest Ecology and Management, 256(6):1239－1252.

BA R , SONG W , LI X , et al, 2019. Integration of multiple spectral indices and a neural network for burned area mapping based on MODIS data[J]. Remote Sensing (11):326.

CHUVIECO E, MOUILLOT F, VAN DER WERF G R, et al,2019. Historical background and current developments for mapping burned area from satellite Earth observation[J]. Remote Sensing of Environment(225): 45 – 64.

DE SANTIS A, ASNER G P, VAUGHAN P J, et al, 2010. Mapping burn severity and burning efficiency in California using simulation models and landsat imagery[J]. Remote Sensing of Environment, 114(7): 1535 – 1545.

FERNÁNDEZ-GARCÍA V, SANTAMARTA M, FERNÁNDEZ-MANSO A, et al, 2018. Burn severity metrics in fire-prone pine ecosystems along a climatic gradient using Landsat imagery[J]. Remote Sensing of Environment(206): 205 – 217.

FORKEL M, ANDELA N, HARRISON S P, et al, 2019. Emergent relationships with respect to burned area in global satellite observations and fire-enabled vegetation models[J]. Biogeosciences, 16(1): 57 – 76.

GIGLIO L, RANDERSON J T, VAN DER WERF G R, 2013. Analysis of daily, monthly, and annual burned area using the fourth-generation global fire emissions database (GFED4)[J]. Journal of Geophysical Research: Biogeosciences, 118(1): 317 – 328.

JAIN T B, GRAHAM R T, PILLIOD D S, 2004. Tongue-tied: Confused meanings for common fire terminology can lead to fuels mismanagement[J]. Wildfire(15):22 – 26.

KELLY L T, BROTONS L, 2017. Using fire to promote biodiversity [J]. Science, 355(6331): 1264 – 1265.

KOPLITZ S N, NOLTE C G, POULIOT G A, et al, 2018. Influence of uncertainties in burned area estimates on modeled wildland fire PM2. 5 and ozone pollution in the contiguous US[J]. Atmospheric Environment(191): 328 – 339.

KORONTZI S, ROY D P, JUSTICE C O, et al, 2004. Modeling and sensitivity analysis of fire emissions in southern Africa during SAFARI 2000[J]. Remote Sensing of Environment, 92(3): 376 – 396.

LANGMANN B, DUNCAN B, TEXTOR C, et al, 2009. Vegetation fire emissions and their impact on air pollution and climate[J]. Atmospheric Environment, 43(1): 107 - 116.

LANORTE A, DANESE M, LASAPONARA R, et al, 2013. Multi-scale mapping of burn area and severity using multisensor satellite data and spatial autocorrelation analysis[J]. International Journal of Applied Earth Observation and Geoinformation(20): 42 - 51.

LÁZARO J R G, RUIZJ A M, ARBELÓ M, 2013. Effect of spatial resolution on the accuracy of satellite-based fire scar detection in the northwest of the Iberian Peninsula[J]. International Journal of Remote Sensing, 34(13): 4736 - 4753.

LOHBERGER S, STÄNGEL M, ATWOOD E C, et al, 2018. Spatial evaluation of Indonesia's 2015 fire-affected area and estimated carbon emissions using Sentinel-1[J]. Global Change Biology, 24(2): 644 - 654.

MOUILLOT F, SCHULTZ M G, YUEC, et al, 2014. Ten years of global burned area products from spaceborne remote sensing—A review: Analysis of user needs and recommendations for future developments[J]. International Journal of Applied Earth Observation and Geoinformation(26): 64 - 79.

QIU J, WANG H, SHEN W, et al, 2021. Quantifying forest fire and Post-Fire vegetation recovery in the Daxin'anling Area of northeastern China using landsat time-series data and machine learning[J]. Remote Sensing, 13(4): 792.

QIU X, DUAN L, CHAI F, et al, 2016. Deriving high-resolution emission inventory of open biomass burning in China based on satellite observations[J]. Environmental Science & Technology, 50(21): 11779 - 11786.

SEILER W, CRUTZEN P J, 1980. Estimates of gross and net fluxes of carbon between the biosphere and the atmosphere from biomass burning[J]. Climatic Change, 2(3): 207 - 247.

URBANSKI S P, REEVES M C, CORLEY R E, et al, 2018. Contiguous United States wildland fire emission estimates during 2003—2015 [J]. Earth System Science Data, 10(4): 2241 - 2274.

VAN DER WERF G R, RANDERSON J T, GIGLIO L, et al, 2010. Global fire emissions and the contribution of deforestation, savanna, forest, agricultural, and peat fires (1997—2009)[J]. Atmospheric Chemistry and Physics, 10(23): 11707 - 11735.

第7章 森林火灾污染排放遥感估算

火灾是全球植被生态系统的一个重要干扰因素(Ba et al.，2019；Kelly et al.，2017)，它通过改变地表植被结构对全球生态系统以及碳循环产生影响(Belengue et al.，2019)。同时，大量生物质的燃烧也会带来大气污染物的排放，进而影响大气成分(Chuvieco et al.，2019)。全球每年的火灾面积平均约为 $3.8×10^8$ 公顷，占全球土地面积的 3%(Forkel et al.，2019；Giglio et al.，2013)。由生物质燃烧所造成的大气污染物排放已经成为全球大气污染物的重要来源，分别占全球 CO、含碳气溶胶和氮氧化物总来源的 40%、35% 和 20%(Langmann et al.，2009)。此外，燃烧过程会排放大量的颗粒物(PM)、挥发性有机化合物(VOC)、有机碳(OC)和黑炭(BC)，不仅会对空气质量产生影响，也关系着气候变化以及人类健康(Keene et al.，2006；Qiu et al.，2016)。因此，合理地评估并计算由火灾造成的污染物排放对大气化学过程和气候变化研究具有重大意义。

基于遥感的火灾污染物排放估算主要包含两种方法，即"自上而下"和"自下而上"(Wooster et al.，2005；Seiler et al.，1980)。前者通过利用遥感卫星观测火灾发生的辐射能量变化进行污染物排放估算，具有一定的不确定性(He et al.，2011)。后者通过估算火灾中的生物质消耗量来进行火灾污染物排放估算，模型参数更容易获取，因而得到了更为广泛的应用(Koplitz et al.，2018；Urbanski et al.，2018)。自下而上的火灾污染物排放模型共涉及四个参数：燃烧面积(burned area，BA)、可燃物载量(fuel load，FL)、燃烧效率(combustion efficiency，CE)以及排放系数(emission factor，EF)。其中，CE 和 EF 可以通过实验的方式获取，BA 以及 FL 均可以通过遥感的方式进行估算(Zhang et al.，2011)。四个参数中，BA 提供了火灾发生的位置、时间、面积和空间范围等信息,为进一步估算可燃物载量奠定了基础(Meng et al.,2017)。以往的研究中,研究者们大多使用基于遥感数据获取的火烧迹地数据产品,包括 MCD45A1、MCD64A1 以及 Fire_CCI 等(Chang et al.,2010;Shi et al.,2014;Pessôa et al.,2020)。这些火烧迹地数据产品均基于MODIS数据提取,空间分辨率为 500 米和 250 米(Turco et al.,2019),空间分辨率均相对较低。由于遥感的尺度效应,低空间分辨率遥感数据在特征提取以及空间结构分析等方面的精度也较低(Lázaro et al.,2013;Duveiller et al.,2010)。另外,小型火灾所造成的污染物排放也是大气质量的关键影响因素(Okoshi et al.,2014)。同时,由于空间分辨率较低,这些火烧迹地数据产品对小型火灾的监测精度有限(Brennan et al.,2019),进而导致火灾污染物排放存在潜在误差。因此,采用高分辨率的火烧迹地数据,更有利于提高火灾污染物排放估算的准确性。

我国受森林火灾的影响较大,年均发生森林火灾约 3880 起,且各省之间差异较大(Ying et al.,2018)。现有的关于森林火灾的排放研究大多基于区域尺度,如我国北方地区(Guo et al.,2020)、西南地区(Wang et al.,2020)、中东部地区(Wu et al.,2018)、黑龙江省(Hu et al.,2007)等,基于全国尺度的研究还相对较少。此外,我国草地资源丰富,约占国土总面积的 40%,其中每年有 30% 的草地受到火灾的影响(Liu et al.,2017)。因此,评估草地火灾的污染物排放对于大气化学过程和气候变化研究也至关重要(Yu et al.,2020)。因此,本章对我国植被燃烧(包括森林、灌丛、草原)所造成的污染物排放进行估算。为避免低空间分辨率火烧迹地数据所造成的潜在误差,本章采用了 30 米空间分辨率的 GABAM 数据。同时,本章还对火灾排放的时间和空间特征进行了分析,研究结果可为空气污染评价以及大气相关研究提供科学依据。

7.1　数据与方法

7.1.1　研究区概况

我国林草资源丰富,依据第七次全国森林资源调查报告,森林和草地覆盖率分别达到 20.36％以及 40.00％(Ji et al. ，2011；Wang et al. ，2018)。本章以我国七大区域(东北、华北、华东、华南、华中、西北和西南)为基础,对其由火灾造成的污染物排放量进行估算。

7.1.2　火灾污染物排放模型

本章选择自下而上的排放模型进行火灾污染物排放估算,计算公式如下:

$$E = BA \times FL \times CE \times EF \qquad (7-1)$$

式中,BA 为火烧面积(km^2);FL 为可燃物载量,这里用生物质密度表示(kt/km^2);CE 为燃烧效率,代表燃烧消耗生物质的百分比;EF 为排放因子,代表单位干物质燃烧对于某种污染物气体的排放量(g/kg)。

1. 燃烧面积

这里采用 GABAM[①] 数据集作为燃烧面积,该数据集由中国科学院于 2018 年发布,为全球首个 30 米分辨率火烧迹地数据集。GABAM 数据集基于 Landsat 系列影像提取,其结果与 Fire_CCI 数据集保持了良好的一致性(Long et al. ，2019)。GABAM 数据集的详细信息及其下载网址为 https://vapd. gitlab. io/post/gabam/。Pu 等(2020)在全球和几个陆地生物群落中,采用分层随机抽样的方式选择 80 个泰森多边形区域,利用误差矩阵和 6 个精度评价指标对 GABAM 2010 年的数据做了全面精度评价和分析,结果表明,在全球范围内,GABAM 2010 产品的错分误差和漏分误差分别为 24.32％和 31.60％,总体精度为 97.85％。该精度远远高于 MODIS 火烧迹地数据产品的精度,MODIS 火烧迹地数据产品的错分误差和漏分误差分别为 44％以及 70％(Padilla et al. ，2014;2015)。GABAM 共提供 2000、2005、2010、2015 以及 2018 年的全球范围火烧迹地数据。另外,下载整理我国范围内 2000、2005、2010、2015 及 2018 年 5 个年份的火烧迹地数据并重采样为 30 米分辨率,以便进行后续处理。

---

① 指全球 30 米分辨率火烧迹地分布图,英文翻译为 global annual burned area map,缩写为 GABAM。

2. 可燃物载量

本章基于土地利用/覆被数据来提取可燃物载量,基于 MODIS 地表覆盖数据(MCD12Q1)以及中国植被功能区划图来进行植被类型的获取。利用 MCD12Q1 提取植被边界,通过与中国植被功能区划图进行叠加来确定植被类型,共获取 7 种类型植被,包括常绿针叶林、落叶针叶林、常绿阔叶林、落叶阔叶林、混交林、灌丛以及草地。

已有的火灾污染物排放估算研究通常根据地上生物量密度来设定每个地表覆盖类型的平均 FL 值,即对于同一种地表覆盖类型设定同一 FL 值(Duncan et al.,2003;Hoelzemann et al.,2004)。然而,这一方式并不能反映植被类型及其生物量的空间差异(Fang et al.,1998)。我国幅员辽阔,即使是同一种植被类型,由于区域差异的存在,其 FL 值也存在较大差异。本章收集了我国不同省份各植被类型的生物量密度数据,然后对七大区域所属省份的生物量密度平均值进行计算,以确定每个区域的 FL 值。这一方法考虑了不同区域 FL 值的差异,具有更高的可信度(He et al.,2015)。同时,参照相关研究对可燃物载量进行设定(Hu et al.,2006;Piao et al.,2004),各区域可燃物载量见表 7-1。

表 7-1　各区域不同植被类型可燃物载量

分区	森林/(kt/km²)	灌丛/(kt/km²)	草地/(kt/km²)
东北	9.89	6.94	1.10
华北	6.51	10.80	0.84
华中	5.26	10.74	0.82
华东	5.13	12.67	0.81
华南	7.71	17.93	0.80
西南	11.00	15.02	0.93
西北	9.14	7.26	0.61

3. 燃烧效率

燃烧效率(CE)代表被燃烧生物质的比例。现有的研究对于燃烧效率均采用固定值的方式,参照 Qiu 等(2016)以及 Michel 等(2005)的研究,本章将森林燃烧效率设定为 0.28。参照 Michel 等(2005)以及 Kato

等(2011)的研究,本章将灌丛的燃烧效率设定为 0.68,将草地的燃烧效率设定为 0.95。

4.排放因子

排放因子(EF)代表单位干物质燃烧所释放的痕量气体以及微颗粒物质的量。EF 可根据不同地表覆盖类型进行设定。本章依据已有研究对排放因子进行设定(Mcmeeking et al.,2008;Van der werf et al.,2010),如各研究中数值相同则直接采用,如数值不同则采用各研究的平均值。不同植被类型对于不同污染物的排放因子见表 7-2。

表 7-2　不同植被类型排放因子及其标准差

植被类型	CO /(g/kg)	CH$_4$ /(g/kg)	NO$_x$ /(g/kg)	NMVOC /(g/kg)	SO$_2$ /(g/kg)	NH$_3$ /(g/kg)	PM$_{2.5}$ /(g/kg)	PM$_{10}$ /(g/kg)	OC /(g/kg)	BC /(g/kg)	CO$_2$ /(g/kg)
常绿针叶林	118 (45)	6 (3.1)	1.8 (0.7)	28 (8.7)	1 (0.3)	3.5 (2.3)	13 (5.9)	18.57	7.8 (4.8)	0.2 (0.2)	1514 (121)
常绿阔叶林	92 (27)	5.1 (2.1)	2.6 (1.4)	24 (0.2)	0.5 (0.2)	0.8 (1.2)	9.7 (3.5)	13.86	4.7 (2.7)	0.5 (0.3)	1663 (58)
落叶针叶林	118 (45)	6 (3.1)	3 (0.7)	28 (8.7)	1 (0.3)	3.5 (2.3)	13.6 (5.9)	19.43	7.8 (4.8)	0.2 (0.2)	1514 (121)
落叶阔叶林	102 (19)	5 (0.9)	1.3 (0.6)	11 (8.7)	1 (0.3)	1.5 (0.4)	13 (5.6)	18.57	9.2 (4.8)	0.6 (0.2)	1630 (37)
混交林	102 (19)	5 (0.9)	1.3 (0.6)	14 (8.7)	1 (0.3)	1.5 (0.4)	13 (5.6)	18.57	9.2 (4.8)	0.6 (0.2)	1630 (37)
灌丛	68 (17)	1.5 (0.9)	2.8 (0.8)	4.8 (2.3)	0.7 (0.3)	1.2 (0.4)	9.3 (3.4)	13.29	6.6 (1.2)	0.5 (0.2)	1716 (38)
草地	59 (17)	2.6 (0.9)	3.9 (0.8)	9.3 (2.3)	0.5 (0.3)	0.5 (0.4)	5.4 (3.4)	7.71	2.6 (1.2)	0.4 (0.2)	1692 (38)

7.2　火烧迹地分布特征

如图 7-1 所示,我国各植被类型受火灾影响较为严重。在所研究的五个年份内,火烧迹地面积共 1.54×10^6 公顷,年均火烧迹地面积达

3.08×10⁵公顷。同时,不同年份火烧迹地面积差异较大。其中,2005
年火烧迹地面积最大,达 5.04×10⁵公顷。2015 年面积最小,为 9.42×10⁴
公顷。2000 年、2010 年和 2018 年火烧迹地面积分别为 4.68×10⁵公顷、
2.99×10⁵公顷和 1.74×10⁵公顷。

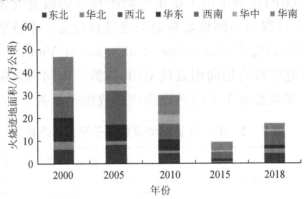

图 7-1 各区域火烧迹地面积

由表 7-3 以及图 7-1 可以看出,不同区域火烧迹地面积变化显
著。在七个区域中,华南、西南、华东和东北地区受火灾影响较大。高植
被覆盖度、气候条件以及频繁的人类活动是火灾高发的主要原因。华南
地区火烧迹地面积最大,年均达 9.11×10⁴公顷,占火烧迹地总面积的
29.59%。西南地区是受火灾影响第二严重的区域,年均火烧面积为
2.15×10⁴公顷,占火烧迹地总面积的 26.08%。东北地区和华东地区受
火灾影响也较大,年均火烧面积分别为 4.79×10⁴公顷和 5.07×10⁴公
顷,占比分别为 15.54%以及 16.46%。华北地区和华中地区受火灾影
响较小,年均火烧面积分别为 1.59×10⁴ 公顷和 2.15×10⁴ 公顷,占比
分别为 5.15%和 6.97%。总体来看,西北地区火烧面积最小,为 637 公
顷,占比为 0.21%。

表 7-3 各年份不同区域火烧迹地面积(单位:万公顷)

地区	年份					均值	总计
	2000	2005	2010	2015	2018		
东北	6.28	8.30	4.55	0.39	4.43	4.79	23.94
华北	3.32	1.49	1.00	0.29	1.83	1.59	7.93

地区	年份					均值	总计
	2000	2005	2010	2015	2018		
西北	0.11	0.04	0.10	0.04	0.03	0.06	0.32
华东	10.39	7.18	4.96	1.22	1.61	5.07	25.35
西南	9.31	14.92	6.74	3.11	6.07	8.03	40.16
华中	2.70	2.88	3.88	0.48	0.80	2.15	10.74
华南	14.70	15.63	8.75	3.89	2.61	9.11	45.57
总计	46.81	50.44	29.98	9.42	17.37	30.80	154.01

历史资料显示,2000—2005 年,我国受火灾影响严重,不论是火灾数量还是过火面积,均高于其他年份,这与本章的研究结果相同。影响火灾发生的因素较为复杂,相关研究显示,气候变量对火灾发生的贡献率为 37.1% ~ 43.5%,人类活动对火灾发生的贡献率为 27.0% ~ 36.5%(Wu et al.,2019)。

如图 7-2 所示,对于不同植被类型,森林火灾的面积最大,为主要火灾类型,每个年份的面积占比均超过 60%。其中,2000 年占比最大,为 69.77%;2010 年占比最小,为 60.43%。森林火灾的平均占比为 63.97%。其次为灌丛火灾,研究期内平均占比为 19.50%。2005 年最大,占比为 22.26%;2018 年最小,占比为 16.23%。草地火灾的占比最小,平均为 16.54%,最大和最小年份分别为 2018 年以及 2000 年,占比分别为 22.43% 以及 12.04%。

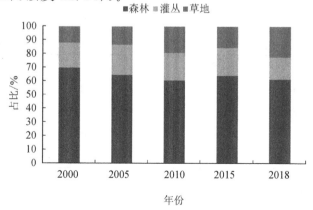

图 7-2　不同植被类型火烧迹地面积占比

7.2.1　各地区污染物排放量特征

基于上述计算方法,本章对七大区域由植被燃烧所造成的 11 种大气污染物的排放量进行了估算(分辨率为 30 米)。污染物排放量的空间分布与火烧迹地的分布一致,但各栅格排放量的大小存在较大差异,如 CO_2 的排放量范围为 $0.98 \sim 20.92$ kt/km²。

11 种污染物的排放量见表 7-4。由表 7-4 可以看出,5 个年份的累计污染物总排放量达 1.21×10^5 Gg[①],年均污染物排放量达 2.43×10^4 Gg。2000 年排放量最高,为 4.22×10^4 Gg,2015 年排放量最低,为 7.84×10^3 Gg。2005、2010 以及 2018 年的排放量分别为 3.83×10^4 Gg、2.23×10^4 Gg、1.08×10^4 Gg。在 11 种污染物中,CO_2 的排放量最高,总排放量达 1.12×10^5 Gg,占比达到 92.46%;其次为 CO,排放量达 5.63×10^3 Gg,占比为 4.64%,两者合计占比达 97.10%;其他污染物的排放量较小,占比均低于 1%。

表 7-4　各年份不同污染物排放量表

年份	CO/Gg	CH_4/Gg	NO_x/Gg	NMVOC/Gg	SO_2/Gg	NH_3/Gg
2000	1994.03	79.40	55.64	286.88	17.91	34.89
2005	1755.78	66.74	51.65	246.21	15.82	30.65
2010	1013.31	37.49	30.60	141.26	9.21	18.37
2015	356.12	13.47	10.97	53.43	3.13	6.26
2018	515.44	20.46	14.06	68.44	4.81	9.29
平均/Gg	1126.94	43.51	32.58	159.24	10.18	19.89
占比/%	4.64	0.18	0.13	0.66	0.04	0.08

年份	$PM_{2.5}$/Gg	PM_{10}/Gg	OC/Gg	BC/Gg	CO_2/Gg	总计/Gg
2000	247.48	353.60	162.26	11.22	38955.60	42198.90
2005	218.96	312.85	144.01	10.15	35415.50	38268.33
2010	126.69	181.01	83.49	5.80	20628.49	22275.72
2015	43.95	62.80	28.38	2.03	7261.26	7841.80
2018	64.37	91.96	43.02	2.89	10003.82	10838.56

①　即十亿克,1 Gg＝1×10^9 g。

年份	$PM_{2.5}$/Gg	PM_{10}/Gg	OC/Gg	BC/Gg	CO_2/Gg	总计/Gg
平均/Gg	140.29	200.45	92.23	6.42	22452.93	24284.66
占比/%	0.58	0.83	0.38	0.03	92.46	100.00

从不同地区来看(见表 7-5),污染物的排放量随区域变化显著。排放量最高的地区为华南地区,总排放量达 5.69×10^4 Gg,占比为46.84%。其次为西南地区,排放量达 2.87×10^4 Gg,占比为23.67%。西北地区的排放量最小,为 122.20 Gg,占比为0.10%。其他的地区的污染物排放量为 3.98×10^3 Gg~ 1.57×10^4 Gg,占比为3.28%至12.94%。

表 7-5　不同地区污染物排放量

地区	CO/Gg	CH_4/Gg	No_x/Gg	NMVOC/Gg	SO_2/Gg	NH_3/Gg	$PM_{2.5}$/Gg
东北	865.67	41.03	14.87	104.49	8.36	14.15	108.92
华北	213.43	10.13	4.41	31.19	1.97	3.83	26.07
西北	6.68	0.32	0.13	0.98	0.06	0.12	0.81
华东	533.01	23.16	15.01	101.29	4.25	9.48	62.47
西南	1486.25	64.71	36.26	259.90	12.86	30.06	177.19
华中	236.31	9.54	7.09	37.81	1.99	3.81	28.69
华南	2293.34	68.67	85.15	260.56	21.38	38.01	297.29

地区	PM_{10}/Gg	OC/Gg	BC/Gg	CO_2/Gg	总计/Gg	占比/%
东北	155.59	75.22	4.80	14315.14	15708.25	12.94
华北	37.25	17.25	1.07	3630.86	3977.46	3.28
西北	1.16	0.54	0.03	111.38	122.20	0.10
华东	89.26	37.80	2.64	9994.90	10873.26	8.95
西南	253.16	112.42	6.81	26296.91	28736.54	23.67
华中	41.00	18.13	1.36	4737.16	5122.89	4.22
华南	424.82	199.80	15.38	53178.33	56882.72	46.84

7.2.2　不同植被类型排放量变化特征

由图 7-3 可以看出,从各植被类型来看,灌丛火灾造成的排放量最大。在研究时间范围内,灌丛火灾的年均排放量达 1.29×10^4 Gg,平均占比为 53.07%。华南地区灌丛火灾的排放量最高,各年份占比分别为 60.70%、60.27%、62.76%、59.55% 以及 43.30%。西南地区为灌丛火灾排放量第二大区域,各年份占比分别为 17.26%、21.60%、12.13%、17.09% 以及 28.39%。

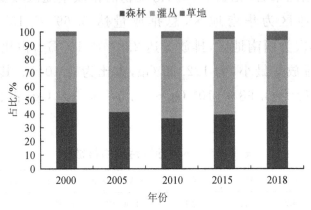

图 7-3 各年份不同植被类型排放量占比

其次为森林火灾所造成的排放量(见图 7-3),年均排放量达 1.04×10^4 Gg,平均占比达 42.17%。对于森林火灾,2005、2010、2015 以及 2018 年,西南地区所造成的排放量最大,占比分别为 40.54%、36.02%、44.99% 以及 45.43%。东北地区是森林火灾排放量的第二大重要来源。2000 年,东北地区为森林火灾排放量的最大来源,占比为 31.68%。2005 年和 2018 年,东北地区为森林火灾第二大排放源,占比分别为 22.65% 和 29.85%。华南地区的森林火灾排放量也较为严重,2010 年和 2015 年,华南地区为森林火灾第二大排放源,占比分别为 19.53% 和 28.88%。

总体来看,由草地火灾带来的污染物排放量最低(见图 7-3),年均排放量为 0.98×10^3 Gg,平均占比为 4.67%。东北地区是草地火灾排放量的最大来源,各年份占比分别为 57.10%、29.28%、53.97%、26.06% 以及 42.11%。对于不同植被类型来看,西北地区的排放量均为最小。

7.2.3　与现有研究的对比

目前,多数的火灾污染物排放研究基于区域尺度。Yang 等(2018)对 2000 至 2016 年间,我国南部各省由森林火灾造成的 6 种污染物(CO、CO_2、NO_x、CH_4、NMVOC 以及 $PM_{2.5}$)排放量进行了估算。结果表明,华南地区的年均污染物排放量为 1.61×10^4 Gg,高于本书的计算结果(1.12×10^4 Gg)。6 种污染物的排放量对比见图 7 - 4。

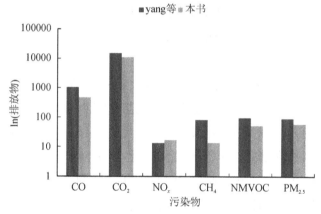

图 7 - 4　污染物排放量估算结果对比

Wei 等(2014)对黑龙江省 1953 至 2010 年由森林火灾造成的 CO_2、CO 以及 CH_4 的排放量进行了估算,结果表明,其年均排放量分别为 3.15×10^3 Gg、177 Gg,以及 10.5 Gg,这与本书的估算结果为 2.72×10^3 Gg、171 Gg 以及 8.1 Gg 较为接近。不同于本书,由于该研究使用的火烧面积数据为统计数据,与遥感获取的火烧迹地数据存在一定差异,从而导致估算结果存在差异。

此外,Wang 等(2020)基于 MCD64A1 火烧迹地数据,对我国西南地区 2013 至 2017 年的森林火灾污染物排放量进行了估算,结果表明,CO_2、CO 以及 CH_4 的排放量分别为 1.42×10^3 Gg、91.66 Gg,以及 4.52 Gg,而本书的计算结果为 5.26×10^3 Gg、297.25 Gg,以及 12.94 Gg,远高于 Wang 等(2020)的估算结果。同样,从火烧面积数据来看,MCD64A1 的空间分辨率相对较低,从而使得小型火灾(小于 500 米 × 500 米)在 Wang 等(2020)研究中被忽略,从而导致了较小的估算结果。

7.2.4　火烧面积及排放分析

火灾是我国植被系统的重要干扰因素。本章讨论了森林火灾、灌丛火灾以及草地火灾三种不同类型植被的火灾面积及排放。结果显示,森林火灾的范围最大,每个年份占比均超过 60%。从不同地区来看,华南地区受森林火灾影响最为严重,这与之前的研究结论相似(Wu et al.,2016)。华南地区是我国重要的农林交错地带,森林与农田接壤,使得农业用火成为火灾发生的重要影响因素(Zhong et al.,2003)。此外,我国森林火灾的发生受人类活动的影响巨大,华南地区人口密度较大,增加了人为火灾的风险。

虽然森林火灾的面积最大,但灌丛火灾却是大气污染物最主要的排放源。其主要原因在于,虽然灌丛火灾造成的火烧面积较小,但对于其他排放因素,灌丛火灾却高于森林火灾,具体如下:①除东北以及华北地区外,灌丛的可燃物载量均高于森林。尤其是对于华南地区,灌丛的可燃物载量为 17.93 kt/km^2,是森林可燃物载量的 2.33 倍。②灌丛的燃烧效率为 0.68,而森林只有 0.28,前者是后者的 2.43 倍。③对于多数的排放物,灌丛的排放因子小于森林,如 CO、CH_4、NMVOC 等,但对于占比最大的排放物 CO_2(占比为 92.43%),灌丛的排放因子大于森林。

7.3　不足与展望

在本章研究中,为提高火灾污染物排放的估算精度,采用了 30 米分辨率的火烧迹地数据产品 GABAM。然后,对于其他影响因素仍使用传统的方法获取。

可燃物载量通常由不同的植被以及非植被物质组成。植被包括森林、灌丛、草地、干枝和落叶等,非植物物质主要包括腐殖质和泥炭(Bennett et al.,2017)。多数的研究均通过植被覆盖类型来设定可燃物载量(Wiedinmyer et al.,2006),这种方法仅考虑了森林、灌丛和草地,并没有涉及其他物质,从而导致污染物排放量被低估。遥感技术是估算可燃物载量的重要方法,其采用高分辨率遥感数据,并引入气象以及环境变量,有利于提高估算精度。此外,我国的可燃物载量模型还相对缺乏。因此,为满足遥感应用的需求,构建不同区域的可燃物载量模型具有重要意义(Wu et al.,2016)。

燃烧效率受火灾强度、可燃物类型以及气象因素(风速、相对湿度等)等的影响。燃烧效率的设定对于火灾污染物排放估算至关重要。目前来看,在已有的大尺度火灾污染物排放研究中,燃烧效率通常被设定为一个固定的值(Shi et al.,2021)。这一方式虽简单易用,但却会带来最终排放量估算的潜在误差(Sá et al.,2005)。此外,也可通过估算火烧强度来设定燃烧效率,即针对不同火烧强度分别设定燃烧效率(Veraverbeke et al.,2013)。火烧强度可以通过遥感指数来进行估算,如归一化燃烧指数,但这一方法通常用于局地尺度,对于大尺度的应用存在一定困难。因此,后期研究应开发可用于大尺度下的燃烧效率估算方法,以降低火灾污染物排放估算的不确定性。

参考文献

BA R,SONG W,LI X,et al,2019. Integration of multiple spectral indices and a neural network for burned area mapping based on MODIS data[J]. Remote Sensing(11):326.

BELENGUER-PLOMER M A,TANASE M A,FERNANDEZ-CAR-RILLO A,et al,2019. Burned area detection and mapping using Sentinel-1 backscatter coefficient and thermal anomalies[J]. Remote Sensing of Environment(233):111345.

BENNETT L T,BRUCE M J,MACHUNTER J,et al,2017. Assessing fire impacts on the carbon stability of fire-tolerant forests[J]. Ecological Applications,27(8):2497-2513.

BRENNAN J,GÓMEZ-DANS J L,DISNEY M,et al,2019. Theoretical uncertainties for global satellite-derived burned area estimates[J]. Biogeosciences(16):3147-3164.

CHANG D,SONG Y,2010. Estimates of biomass burning emissions in tropical Asia based on satellite-derived data [J]. Atmospheric Chemistry Physics(10):2335 – 2351.

CHUVIECO E,MOUILLOT F,VAN DER WERF G R,et al ,2019. Historical background and current developments for mapping burned area from satellite Earth observation[J]. Remote Sensing of Environment(225):45 – 64.

DE SANTIS A,ASNER G P,VAUGHAN P J,et al, 2010. Mapping burn severity and burning efficiency in California using simulation models and Landsat imagery[J]. Remote Sensing of Environment (114):1535 – 1545.

DUNCAN B N,MARTIN R V,STAUDT A C,et al,2003. Interannual and seasonal variability of biomass burning emissions constrained by satellite observations[J]. Journal of Geophysical Research: Atmospheres (108): 1 – 22.

DUVEILLER G,DEFOURNY P,2010. A conceptual framework to define the spatial resolution requirements for agricultural monitoring using remote sensing[J]. Remote Sensing of Environment (114): 2637 – 2650.

FANG J Y,WANG G G,LIU G H,et al,1998. Forest biomass of China: an estimate based on the biomass—volume relationship[J]. Ecological Applications, 8(4): 1084 – 1091.

FORKEL M,ANDELA N,HARRISON S P,et al,2019. Emergent relationships with respect to burned area in global satellite observations and fire-enabled vegetation models[J]. Biogeosciences(16):57 – 76.

GIGLIO L,RANDERSON J T,VAN DER WERF G R, 2013. Analysis of daily, monthly, and annual burned area using the fourth-generation global fire emissions database (GFED4)[J]. Journal of Geophysical Research: Biogeosciences(118):317 – 328.

GUO L,MA Y,TIGABU M,et al, 2020. Emission of atmospheric pollutants during forest fire in boreal region of China[J]. Environmental Pollution(264):114709.

HE M, ZHENG J, YIN S, et al,2011. Trends, temporal and spatial characteristics, and uncertainties in biomass burning emissions in the Pearl River Delta, China[J]. Atmospheric Environment, 45 (24): 4051 - 4059.

HE M,WANG X,HAN L,et al, 2015. Emission inventory of crop residues field burning and its temporal and spatial distribution in Sichuan province[J]. Environment Science(36):1208 - 1216.

HOELZEMANN J J,SCHULTZ M G,BRASSEUR G P,et al,2004. Global Wildland Fire Emission Model (GWEM): Evaluating the use of global area burnt satellite data[J]. Journal of Geophysical Research: Atmospheres, 109(14).

HU H Q,LIU Y C, JIAO Y, 2007. Estimation of the carbon storage of forest vegetation and carbon emission from forest fires in Heilongjiang Province, China[J]. Journal of Forestry Research, 18 (1): 17 - 22.

HU H F,WANG Z H,LIU G H,et al, 2006. Vegetation carbon storage of major shrublands in China[J]. Chinese Journal of Plant Ecology(30):539 - 544.

JI L Z,WANG Z,WANG X W,et al, 2011. Forest insect pest management and forest management in China: An overview[J]. Environmental Management, 48(6): 1107 - 1121.

KATO E,KAWAMIYA M,KINOSHITA T,et al, 2011. Development of spatially explicit emission scenario from land-use change and biomass burning for the input data of climate projection[J]. Procedia Environmental Sciences(6):146 - 152.

KEENE W C,LOBERT J M,CRUTZEN P J,et al ,2006. Emissions of major gaseous and particulate species during experimental burns of southern African biomass[J]. Journal of Geophysical Research: Atmospheres(111):D04301.

KELLY L T,BROTONS L，2017．Using fire to promote biodiversity [J]．Science(355)：1264－1265．

KOPLITZ S N,NOLTE C G,POULIOT G A,et al,2018．Influence of uncertainties in burned area estimates on modeled wildland fire PM2. 5 and ozone pollution in the contiguous US[J]．Atmospheric Environment (191)：328－339．

LANGMANN B,DUNCAN B,TEXTOR C,et al,2009．Vegetation fire emissions and their impact on air pollution and climate[J]．Atmospheric Environment (43)：107－116．

LÁZARO J R G,RUIZ J A M,ARBELÓ M ，2013．Effect of spatial resolution on the accuracy of satellite-based fire scar detection in the northwest of the Iberian Peninsula[J]．International Journal of Remote Sensing(34)：4736－4753．

LIU J,KUANG W,ZHANG Z X,et al,2014．Spatiotemporal characteristics，patterns，and causes of land-use changes in China since the late 1980s[J]．Journal of Geographical Sciences，24(2)：195－210．

LIU M,ZHAO J,GUO X,et al，2017．Study on climate and grassland fire in HulunBuir，Inner Mongolia autonomous region，China[J]．Sensors(17)：616．

LONG T,ZHANG Z,HE G,et al，2019．30 m resolution global annual burned area mapping based on Landsat Images and Google Earth Engine[J]．Remote Sensing(11)：489．

MCMEEKING G R,2008．The optical，chemical，and physical properties of aerosols and gases emitted by the laboratory combustion of wildland fuels[D]．Fort Collins：Colorado State University．

MENG R, ZHAO F，2017．Remote sensing of fire effects：A review for recent advances in burned area and burn severity mapping[J]．Remote Sensing of Hydrometeorological Hazards(9)：261－283．

MICHEL C,LIOUSSE C,GRÉGOIRE J M,et al ,2005．Biomass burning emission inventory from burnt area data given by the SPOT-

VEGETATION system in the frame of TRACE-P and ACE-Asia campaigns［J］. Journal of Geophysical Research：Atmospheres (110)：D09304.

OKOSHI R,RASHEED A,REDDY G C,et al,2014. Size and mass distributions of ground-level sub-micrometer biomass burning aerosol from small wildfires［J］. Atmospheric Environment (89)：392－402.

PADILLA M,STEHMAN S V,CHUVIECO E,2014. Validation of the 2008 MODIS-MCD45 global burned area product using stratified random sampling［J］. Remote Sensing of Environment (144)：187－196.

PADILLA M,STEHMAN S V,RAMO R,et al,2015. Comparing the accuracies of remote sensing global burned area products using stratified random sampling and estimation［J］. Remote Sensing of Environment (160)：114－121.

PESSÔA A C M,ANDERSON L O,CARVALHO N S,et al,2020. Intercomparison of burned area products and its implication for carbon emission estimations in the amazon［J］. Remote Sensing (12)：3864.

PIAO S L,FANG J Y,HE J S,et al,2004. Spatial distribution of grassland biomass in China［J］. Chinese Journal of Plant Ecology (28)：491－498.

PU D C,ZHANG Z M,LONG T F,et al, 2020. GABAM 2010 accruacy assessment using stratified radom sampling［J］. Journal of Remote Sensing, 24(05)：550－558.

QIU X,DUAN L,CHAI F,et al, 2016. Deriving high-resolution emission inventory of open biomass burning in China based on satellite observations［J］. Environmental Science Technology (50)：11779－11786.

SÁ A C, PEREIRA J M,SILVA J M, 2005. Estimation of combustion completeness based on fire-induced spectral reflectance changes in a dambo grassland (Western Province, Zambia)［J］. International

Journal of Remote Sensing(26):4185 – 4195.

SEILER W,CRUTZEN P J,1980. Estimates of gross and net fluxes of carbon between the biosphere and the atmosphere from biomass burning[J]. Climatic Change(2):207 – 247.

SHI Y,GONG S,ZANG S,et al,2021. High-resolution and multi-year estimation of emissions from open biomass burning in Northeast China during 2001—2017 [J]. Journal of Cleaner Production (310):127496.

SHI Y,SASAI T,YAMAGUCHI Y,2014. Spatio-temporal evaluation of carbon emissions from biomass burning in Southeast Asia during the period 2001—2010[J]. Ecological Modelling(272):98 – 115.

TURCO M,HERRERA S,TOURIGNY E,et al,2019. A comparison of remotely-sensed and inventory datasets for burned area in Mediterranean Europe[J]. International Journal of Applied Earth Observation Geoinformation(82):101887.

URBANSKI S P,REEVES M C,CORLEY R E,et al ,2018. Contiguous United States wildland fire emission estimates during 2003—2015[J]. Earth System Science Data(10):2241 – 2274.

VAN DER WERF G R,RANDERSON J T, GIGLIO L,et al ,2010. Global fire emissions and the contribution of deforestation, savanna, forest, agricultural, and peat fires (1997—2009)[J]. Atmospheric Chemistry Physics(10):11707 – 11735.

VERAVERBEKE S, HOOK S,2013. Evaluating spectral indices and spectral mixture analysis for assessing fire severity, combustion completeness and carbon emissions[J]. International Journal of Wildland Fire (22):707 – 720.

WANG D L, WANG L, LIU J S,et al, 2018. Grassland ecology in China:perspectives and challenges[J]. Frontiers of Agricultural Science and Engineering, 5(1): 24 – 43.

WANG W, ZHANG Q,LUO J,et al,2020. Estimation of forest fire

emissions in Southwest China from 2013 to 2017[J]. Atmosphere (11): 15.

WEI S J,LUO B Z,SUN L,et al, 2014. Estimates of carbon emissions caused by forest fires in the temperate climate of Heilongjiang Province, China, from 1953 to 2012[J]. Acta Ecologica Sinic, 34(11): 3048 – 3063.

WIEDINMYER C, QUAYLE B, GERON C, et al, 2006. Estimating emissions from fires in North America for air quality modeling[J]. Atmospheric Environment(40):3419 – 3432.

WOOSTER M J, ROBERTS G, PERRY G L W, et al, 2005. Retrieval of biomass combustion rates and totals from fire radiative power observations: FRP derivation and calibration relationships between biomass consumption and fire radiative energy release[J]. Journal of Geophysical Research: Atmospheres, 110(D24):111 – 125.

WU J,KONG S F,WU F Q,et al, 2018. Estimating the open biomass burning emissions in central and eastern China from 2003 to 2015 based on satellite observation [J]. Atmospheric Chemistry and Physics, 18(16): 11623 – 11646.

WU Q,CHEN F, WANG C,et al, 2016. Estimationof carbon emissions from biomass burning based on parameters retrieved[J]. Journal of Remote Sensing(20):11 – 26.

WU Z, HE H S, KEANE R E,et al, 2019. Current and future patterns of forest fire occurrence in China[J]. International Journal of Wildland Fire, 29(2): 104 – 119.

YANG X J, MA Y F, PENG X J,et al ,2018. Dynamic changes of pollutants released from forest fire in Southern forested region during 2000—2016[J]. China Environmental Science,38(12):4678 – 4696.

YING L, HAN J, DU Y,et al ,2018. Forest fire characteristics in China: Spatial patterns and determinants with thresholds[J]. Forest Ecology Management(424): 345 – 354.

YU S, JIANG L, DU W, et al, 2020. Estimation and spatio-temporal patterns of carbon emissions from grassland fires in Inner Mongolia, China[J]. Chinese Geographical Science, 30(4): 572 - 587.

ZHANG J H, YAO F M, LIU C, et al, 2011. Detection, emission estimation and risk prediction of forest fires in China using satellite sensors and simulation models in the past three decades—An overview [J]. International Journal of Environmental Research and Public Health, 8(8): 3156 - 3178.

ZHONG M H, FAN W C, LIU T M, et al, 2003. Statistical analysis on current status of China forest fire safety[J]. Fire Safety Journal, 38 (3): 257 - 269.